制造工程实践教学指导书

（第二版）

刘舜尧　钟世金　舒金波　主编

中南大学出版社
www.csupress.com.cn

内 容 提 要

本书包括金属表面氧化保护处理、钢的热处理实验、硬度实验、合金的流动性实验、数控车削操作方法、数控铣削操作方法、电火花成形加工操作方法、数控线切割加工操作方法、熔熵挤压快速成形操作方法等内容。

编写本书的目的在于加强对学生进行制造工程实践动手能力的训练,重点是新技术、新工艺操作方法与操作技能的训练、计算机技术在制造工程中的应用训练,培养学生的创新意识与创新能力,提高工程实践素质。

本书可作为高等学校各专业机械制造工程(金工实习)课程的实践教学教材,也可以作为函授大学、广播电视大学相关专业学生和工程技术人员继续教育的教学参考书。

图书在版编目(CIP)数据

制造工程实践教学指导书/刘舜尧等主编. —2 版.
—长沙:中南大学出版社,2011.5(2022.2 重印)
ISBN 978 - 7 - 81061 - 530 - 3

Ⅰ.①制… Ⅱ.①刘… Ⅲ.①机械制造工艺—高等学校—教学参考资料 Ⅳ.①TH16

中国版本图书馆 CIP 数据核字(2011)第 069553 号

制造工程实践教学指导书

刘舜尧　钟世金　舒金波　主编

□出 版 人	吴湘华
□责任编辑	谭　平
□责任印制	唐　曦
□出版发行	中南大学出版社
	社址:长沙市麓山南路　　　邮编:410083
	发行科电话:0731 - 88876770　传真:0731 - 88710482
□印　　装	长沙艺铖印刷包装有限公司

□开　　本	787 mm×1092 mm 1/16	□印张 7.5	□字数 178 千字
□版　　次	2011 年 5 月第 2 版	□印次 2022 年 2 月第 5 次印刷
□书　　号	ISBN 978 - 7 - 81061 - 530 - 3
□定　　价	18.00 元

"工程材料及机械制造基础"系列教材编写委员会

主任委员 刘舜尧

委　　员（以姓氏笔画为序）

刘舜尧　何少平　陈永泰

张亮峰　汤酞则　郑哲文

周继伟　钟世金

序　言

　　湖南省高等教育学会金工教学委员会在总结本地区多年课程教学改革经验的基础上,认真吸取与借鉴国内兄弟院校的教学改革成果,组织一批经验丰富的骨干教师,几经艰辛,成功编写了 8 本一套"工程材料及机械制造基础"的系列教材。该套教材囊括了课堂教学、工程实践教学和教学指导三部分必备的内容,注重扩充制造领域的新材料、新技术和新工艺,重视零件设计的结构工艺性;使之既符合目前金工系列课程改革的发展方向,又体现湖南地区高校课程改革的基本特色。

　　金工系列课程虽然属于工艺性技术基础课程的范畴,但它在大学实现其整体教育目标中所起的作用,并不亚于任何一门其他重要课程。这是因为:

　　1. 它包含讲课、实习和实验三部分完整内涵,是工艺理论与工艺实践高度结合的课程,尤其是"实践"这一必须经历的重要过程,正是我国高校学生所普遍缺乏的。

　　2. 工程训练中心所提供的大工程背景和严格按照教学规划所实施的全面训练,使其不只是为后续课程打基础的一般性业务课程,而是全面贯彻落实素质教育的综合性课程。

　　3. 工艺课程体现出很强的综合性。任何一个小的工艺问题,都必然涉及一系列相关的边界问题。因此,工艺问题的解决,实际上总是可以转化为类似于对一个多元方程求优化解,在解决问题的思维方法上可以给学生以启迪。

　　4. 设计创新与工艺创新是相互关联和密切联系的。事实上,工艺创新愈深入,设计创新就愈活跃。真正懂得工艺的人,才能更好地实施设计创新。在这里,零件的结构工艺性只是体现其中的一个方面,工艺方法本身的不断创新则显得更为重要。国内外的专家学者目前对此问题的看法已经基本趋于一致。

　　5. 当今的高等教育,旨在培养出一大批基础宽、能力强和素质高的复合性人才。从未来社会的发展趋势看,人文社会学科的学生应该具备一些工程技术方面的知识和经历;同样,理工学科的学生也应该具备更好的人文素质。金工系列课程中的工程训练则可以为实现这种交叉和融合提供一个良好的界面。

　　6. 要高质量、高效率地实现预定的教学目标,在教学中应该合理、适度地采用已经日趋成熟的现代教育技术。

7. 通过改革后的金工系列课程的教学过程来实施新的课程教学目标:学习工艺知识,增强工程实践能力,提高综合素质,培养创新精神和创新能力。从全国金工同仁的实践看,这一目标是完全可以实现的。

工艺系列课程的重要性已经不容置疑,中南大学出版社出版的这套系列教材应时而出,期待它为培养新世纪的高质量人才作出新的贡献。

清华大学　傅水根

---

*傅水根:清华大学教授,国家教育部"工程材料及机械制造基础"课程教学指导组组长。

第 2 版前言

《制造工程实践教学指导书》自 2002 年出版以来，8 年巳印刷 8 次，在国内各有关理工院校"机械制造工程训练"（金工实习）课程教学中使用。这期间，我国高等教育发生了深刻的变革，在教育部、财政部实行高等学校本科教学质量与教学改革工程及精品课程建设工作的推动下，"机械制造工程训练"课程的建设与教学改革取得了许多新的成果，本课程实践教学和理论教学对教材建设提出了新的更高的要求。根据教育部"工程材料及机械制造基础"课程指导组新制定的"机械制造实习课程教学基本要求"，作者在本书 2002 年第 1 版的基础上进行修订。

本次修订保持了原有的体系和风格，对第 1 版内容进行了适当的调整，新编了逆向工程操作方法、熔融挤压快速成形操作方法、数控车削操作方法。本次修订由刘舜尧修订金属表面氧化防护处理、钢的热处理、硬度实验和合金的流动性实验，何玉辉新编数控车削操作方法，邓曦明修订数控铣削操作方法，钟世金修订电火花成形加工操作方法，舒金波修订电火花数控线切割加工操作方法和新编逆向工程操作方法，李燕新编熔融挤压快速成形操作方法。

本书修订编写由刘舜尧、钟世金、舒金波担任主编。

编者对本书第 1 版发行使用、第 2 版修订过程中提出宝贵意见与建议的专家、教授和实习教学指导工作者深表感谢。限于编者水平，修订编写中难免存在不当之处，敬请读者批评指正。

编　者

前　言

科学技术的飞速发展,加快了工业现代化的进程,工业产品的制造由劳动力密集型向技术密集型转化;微电子技术、信息技术、计算机技术和现代管理技术在工业领域的广泛应用,改变了传统的生产方式;新材料、新工艺在工业制造过程中的大量采用,更新了工业制造的概念。这就要求高等工程教育中机械制造工程训练(金工实习)不仅要学习工业产品制造的一般方法,还应该进行数控加工、CAD/CAM、特种加工等新技术与新工艺的训练,更新教学内容,改革教学方法和手段,培养学生运用现代科学理论及技术方法分析和解决工程实际问题的能力与基本素质,使学生的实际动手能力与创新思维的能力得到提高。

遵循这一认识,我们编写了《制造工程实践教学指导书》,内容包括金属表面氧化防护处理、钢的热处理实验、硬度实验、合金流动性实验、数控车削操作方法、数控铣削操作方法、电火花成形加工操作方法、电火花数控线切割加工操作方法等。

本书由刘舜尧、钟世金、舒金波主编。书中各部分内容的编者为:刘舜尧(前言、金属表面氧化防护处理)、周增文(合金流动性实验)、刘培德(钢的热处理实验、硬度实验)、邓曦明(数控车削操作方法、数控铣削操作方法)、钟世金(电火花成形加工操作方法)、舒金波(电火花数控线切割加工操作方法)。

本书由中南大学胡昭如教授主审,参加审稿工作的有:湖南大学陈永泰,中南大学何少平、贺小涛,国防科技大学周继伟,湖南师范大学汤酞则,长沙交通学院杨瑾珪,中南林学院郑哲文,湖南工程学院张亮峰。他们在审查工作中对本书提出了许多宝贵的意见,在此谨表示衷心的感谢。

限于编者的学识水平,本书的错误与不足之处在所难免,恳请读者批评指正。

编　者

目　　录

1 金属改性处理与材料成形工艺实验

1.1 金属表面氧化防护处理

1.1.1 金属腐蚀与防护处理的意义

金属材料与周围环境介质之间发生化学作用和电化学作用而引起的破坏和变质称为腐蚀。在许多情况下，金属腐蚀过程中还同时存在着物理、机械、应力、放射性射线、电流和生物等的共同作用，这些作用会强化金属的腐蚀，加速金属材料的破坏过程。

金属腐蚀的现象普遍地存在于国民经济各个部门和人们的日常生活之中。例如，金属在加热过程中发生氧化，钢铁零件在大气中生锈，输油管道穿孔，热电厂锅炉出现脆性破坏，海上采油平台腐蚀疲劳破坏，自来水管的锈蚀，等等，都是金属因腐蚀而造成的损坏。

从热力学的观点来分析金属的腐蚀，在周围环境介质作用下一般的金属都有由元素状态逐渐转变成离子状态而生成化合物的倾向，并且它是一个放热反应，伴随着系统自由能的降低。所以，金属腐蚀是一个自发进行的过程，人们一开始使用金属，就必须学会同金属腐蚀作斗争。

金属腐蚀带来的损失和危害十分惊人，它主要表现在以下几个方面。

1. 造成巨大的经济损失和金属材料的消耗

根据世界各主要工业国的调查分析，日本、美国等国每年由于金属腐蚀而造成的直接损失占国民经济生产总值的 2% ~4%。例如美国 1982 年由腐蚀而损失 1260 亿美元，占当年国民经济产值的 4.0%，英国 1970 年因腐蚀直接损失为 80 亿美元，占国民经济总产值的 3.5%。

我国的学者对国内部分化工企业调查分析，得出因腐蚀而造成的损失占企业总产值的 3.97%。一些专家认为，我国目前因腐蚀而造成的损失约占工农业总产值的 2%，1999 年我国总产值 79553 亿元，2% 就是 1591 亿元，这是一个巨大的损失。

根据统计，全世界每年因腐蚀而消耗的金属达 1 亿吨以上。这其中有 2/3 的金属材料可以回炉重新熔炼再生，还有 1/3 的金属材料因腐蚀而无法回收。可见腐蚀对自然资源的确造成了巨大的浪费。

2. 造成重大事故和严重的环境污染

除了金属腐蚀带来的直接损失之外，它所引起的间接损失有时更为严重。例如，由于腐蚀造成设备停车、停电、停产、设备效能降低而导致生产率降低、物料流失（如管道输送的油、水、气等流体的跑、冒、滴、漏），导致产品对环境污染，甚至引起火灾、爆炸等重大事故，生命财产蒙受巨大的损失。

这方面的例子很多，例如，1940 年 10 月美国俄亥俄州煤气公司天然气贮罐腐蚀破裂，造成 128 人死亡，损失达 680 万美元。1974 年日本沿海地区的石油化工厂贮罐同样是腐蚀破裂，大量重油流出，造成严重污染。1980 年 3 月北海油田的亚历山大·基兰德号采油平台发生腐蚀疲劳破坏，导致 123 人丧生。此外，诸如腐蚀而致使飞机失事、轮船沉没、油管爆炸、桥梁突然断裂、军事装备腐蚀破坏而直接影响战局等事例屡见不鲜。因此，腐蚀所引起的间接损失，其严重性远远超出腐蚀所造成的直接经济损失。

3. 阻碍新技术、尖端科学技术的发展

许多高新技术和尖端科学对生产起着巨大的推动作用，但若不解决腐蚀问题，其应用将受到严重的阻碍。

美国的阿波罗登月飞船贮存高能燃料 N_2O_4 的钛合金高压容器曾发生应力腐蚀破裂，经科学家们分析，是由于 N_2O_4 中含有微量氧造成的，后来加入 0.6% NO 才将此问题解决。法国计划开采拉克油田，但因设备发生 H_2S 应力腐蚀井裂得不到解决，致使开采计划推迟了 6 年才全面实施。在国防工业高新武器研制、原子能工业、航天技术、火箭制造、化工生产等领域都不断地提出腐蚀与防护的新课题，期待人们找出解决问题的新途径。

可见，腐蚀科学及防护技术与现代高科技的发展有着非常密切的关系，它在发展国民经济和加强国防建设中占有极其重要的地位。

1.1.2　金属腐蚀防护处理的途径与方法

金属腐蚀的防护涉及到化学、物理学、冶金学、材料学、机械工程学等许多学科，是一门发展中的综合性科学技术。一般地讲，防止金属腐蚀可从三个方面着手：一是选耐腐蚀的金属材料，这就要求冶金和材料专家大力研制和开发耐蚀合金与耐蚀复合材料；二是从控制环境入手，例如在金属零件或构件工作的环境介质中除去有害成分，降低水分，调节 pH 值，添加缓蚀剂或进行水质处理；三是对金属本身的表面进行防护处理。

金属表面防护处理是用各种方法在金属表面施加保护层，保护层的作用在于把金属表面与环境中的腐蚀性介质隔开，以阻滞腐蚀过程的产生和发展，达到减轻或防止腐蚀的目的。因此，保护层应该满足的基本要求是：

(1) 耐蚀、高硬度、耐磨损；

(2) 结构致密、孔隙率低；

(3) 与金属基体结合牢固、不易脱落；

(4) 分布均匀且有一定的厚度。

金属表面防护处理的方法很多，通常可分为金属涂层和非金属涂层两大类。

金属涂层是用耐蚀性较强的金属或合金在容易腐蚀的金属表面上形成保护层，这层保护层通常是镀上去的，因此又叫镀层。例如在钢表面镀 Cr、Ni、Cu、Zn、TaC 等金属或化合物，可以起到防护作用。金属镀层的方法有电镀、化学镀、渗镀、热浸镀、喷镀、离子镀、真空溅射、物理气相沉积、化学气相沉积等许多种方法。

非金属涂层是用各种有机高分子材料在金属设备或零件表面上形成一层保护层，这层保护层能够把金属基体与环境介质完全隔离，防止基体金属接触腐蚀介质而被腐蚀破坏。常用的有油漆涂料、玻璃钢、塑料、橡胶、搪瓷、防锈油脂等涂层。

非金属涂层还可以采用在金属表面生成非金属化合物的方法，如化学氧化、阳极氧化、磷酸盐处理、铬酸盐处理，使金属表面形成一层氧化物或磷酸盐、铬酸盐膜层，以使金属与腐蚀性介质隔离开来。

1.1.3 钢铁零件的表面氧化防护处理工艺

1. 基本原理

钢铁零件的表面氧化防护处理是一种化学氧化处理方法，钢铁零件经氧化处理后，在其表面可生成一层亮蓝色或深黑色且十分稳定的磁性氧化铁(Fe_3O_4)膜，因此工业上又把钢铁的氧化处理称为"发蓝"或"发黑"。

氧化铁膜层厚度为 0.5 ~ 1.6 μm。由于膜层很薄，故对钢铁零件的尺寸和精度无显著影响。膜层的色泽取决于钢铁材料的成分、零件的表面状态以及氧化处理的工艺规范。一般情况下呈蓝色或深黑色，含硅量较高的钢铁件氧化膜呈灰褐色或黑褐色。

现代工业上钢铁氧化处理有常温酸性氧化处理和高温碱性氧化处理两种工艺。常温氧化是钢铁零件浸入含有 $CuSO_4$、SeO_2、$NiCl_2$ 和添加剂呈酸性的溶液中，在常温下处理，零件表面生成一层 CuSe 为主要成分的黑色膜，故叫常温发黑。高温氧化处理是将钢铁零件浸入含有 NaOH、$NaNO_2$(或 $NaNO_3$)的溶液中，在140℃左右进行处理，处理后零件表面呈蓝黑色或黑色。

钢铁零件经发蓝(发黑)处理后，其抗蚀性并不高，而经肥皂液皂化或 $K_2Cr_2O_7$ 溶液钝化、浸油处理之后，其抗蚀能力可提高几倍乃至几十倍。

钢铁发蓝工艺具有成本低、工效高、保持制件精度等优点，特别适用于不允许电镀或涂漆的各种机械零件和日常用品的防护处理。

2. 钢铁零件的常温发黑处理工艺

这里介绍一种常温发黑新工艺——利用 HH902 常温发黑剂进行钢铁零件常温发黑处理的技术。

(1)发黑用原材料

HH942 前处理液　该溶液用于零件发黑前的除油除锈处理，为无毒、不燃不爆液体。

HH922A 除油活化剂　这种除油活化剂对各种油污去油效率高，可在常温或较高温度下使用。

HH902 常温发黑剂　本发黑剂在常温下使用，适用于各种成分的钢铁材料。

HH912 无铬钝化液　本品不含重铬酸盐，为无毒、无害、无刺激气味的钝化液，用于发黑件钝化，可大幅度提高零件的耐蚀能力。

HH932 脱水防锈油　本品具有脱水的防锈功能，用于发黑件的浸油处理。

(2)工艺流程

化学除油→水洗→除锈活化→水洗→漂洗→常温发黑→漂洗

┠→钝化封闭→水洗→浸脱水防锈油

┠→钝化封闭→水洗→浸 105 ~ 110℃机油

┠→沸水脱水→浸硬膜防锈油

(3)工艺规范说明

①除油：根据零件表面状态和生产条件，常温、中温(50 ~ 60℃)、高温(80 ~ 100℃)除油均可。要求除油务必彻底，否则影响发黑效果和产品质量。

②酸性活化：盐酸浓度不低于20%，盐酸：水 = 3:1，时间以去锈彻底又不过腐蚀为宜。低碳钢板、氧化皮厚的零件要用热盐酸或混合酸浸泡，才能达到活化效果。

③常温发黑：将活化后的干净零件浸入发黑液中，浸 3 ~ 8 min，间歇上下抖动 2 ~ 3 次，

发黑时间长短与室温高低及发黑液浓度有关，以零件表面有一层均匀黑膜为准。

④钝化：钝化是为了提高发黑后零件的耐腐蚀能力，钝化约为 3 min。

⑤浸油：

浸脱水防锈油：将钝化封闭的零件经漂洗后浸入脱水防锈油 4～8 min，并间歇抖动 2～3 次，以排除工件表面及毛细孔中的水分，使油液浸润表面及毛细孔中再次封闭防锈。

浸热机油：将钝化封闭并经漂洗后的零件浸入 105～110℃ 的热机油中，片刻后取出，以提高耐蚀的能力。

浸硬膜防锈油：精密仪器、仪表零件、相像机及电声器件等，表面不能有油液，则可用沸水脱水干燥后再浸硬膜防锈油，在零件表面形成一层薄薄的硬膜。

（4）注意事项

①发黑槽和酸洗活化槽必须使用耐酸容器，挂具、吊篮也应耐酸蚀，以免过多的消耗工作液。

②钝化槽和浸油槽一般为钢槽，水洗槽的进水管应在下位，溢流口在上部，使工件在水槽中逆流漂洗，确保零件清洗干净。

③工艺流程中，水洗和漂洗工序务必将零件清洗干净，使粘附在零件上的残液彻底清除，否则，将会严重影响发黑处理的质量。水洗时间一般不应少于 1 min。

（5）钢铁零件常温发黑处理新工艺的特点

钢铁零件常温发黑处理是国内外普遍推广的新工艺，这种新工艺有以下特点：

①处理时间短，发黑效率高，其中发黑处理工序一般为 3～8 min，只相当于高温发黑时间（20～60 min）的大约 1/7；

②常温发黑处理不需加热设备，发黑工序不必加热到高温，具有良好的节能效果；

③由于使用不含铬酸盐的钝化液，对环境不产生污染；

④常温发黑处理适应于各种钢材及粉末冶金零件，应用范围较高温发黑宽。

常温发黑处理的不足之处是零件的常温化学除油工序对于有盲孔和油污较严重的零件显得除油能力不足，应该将温度升高到 40～60℃ 进行除油，或者采用其他除油方法，如超声波清洗、喷丸等方法去除零件的油污锈蚀，以保证发黑处理质量。

HH902 常温发黑处理新工艺是国内钢铁零件常温发黑处理工艺中效果良好的工艺之一，目前，市场上还有其他一些国产或进口常温发黑剂及其处理工艺，读者可参考有关的资料。

3. 钢铁零件的高温发蓝（发黑）处理工艺简介

（1）工艺流程

化学除油（80～100℃）→热水洗（60～80℃）→冷水洗→常温酸洗→冷水洗→氧化发蓝（130～145℃）→冷水洗→皂化（80～90℃）→冷水洗→浸油（105～110℃）。

上述工艺中，除油去锈也可以采用喷丸或超声波清洗，酸洗一般采用盐酸水溶液，皂化处理时以肥皂 20 g/L 溶于蒸馏水中，零件置于皂化液中煮沸。

不同钢种经处理后，所得到的氧化膜颜色不同：

①碳素钢及一般低合金钢按正常温度处理，其氧化膜颜色呈红棕色，若提高温度，则得棕黑色；

②铬硅钢按正常温度处理，其氧化膜颜色呈红棕色，若提高温度，则得棕黑色；

③高速钢按正常温度处理，其氧化膜颜色呈棕褐色，温度稍高一些，可得黑褐色；

④铸铁按正常温度处理，可得紫褐色氧化膜。

（2）常用高温发蓝（发黑）工艺

钢铁零件高温氧化处理的主要工序是将零件置于含有氢氧化钠、亚硝酸钠或硝酸钠的溶液中，在较高温度下加热，零件表面生成一层四氧化三铁。几种常用的发蓝工艺如表1.1所示。其中一次化学氧化处理工艺所生成的氧化膜比较薄，耐腐蚀性也比较差，而两次化学氧化处理可获得较厚的氧化膜，耐腐蚀性比较高。

钢铁零件高温化学氧化处理工艺的应用已有60多年，工艺成熟，氧化膜美观牢固。而这种工艺的缺点是难以处理钢铁铸件和含硅较高的钢材，并且能耗较高和处理时间较长。

表1.1 钢铁发蓝（发黑）处理工艺规范

配　　方	溶液成分/g		溶液温度/℃		氧化时间/min
一次化学氧化处理（1）	氢氧化钠 硝酸钠 亚硝酸钠 水	700～800 200～250 50～70 1L	初始： 终了：	138～140 142～146	20～120
一次化学氧化处理（2）	氢氧化钠 亚硝酸钠 水	800～900 80～90 1L	初始： 终了：	140～144 150～155	80～90
两次化学	1）氢氧化钠 硝酸钾 水	800～900 25～50 1L	140～145		5～10
氧化处理	2）氢氧化钠 硝酸钾 水	1000～1100 50～100 1L	150～155		20～30

1.2 钢的热处理实验

1.2.1 实验目的与基本要求

1. 实验目的

（1）了解和掌握几种常用的热处理基本操作方法；

（2）了解钢的力学性能与热处理工艺的关系。

2. 实验中使用的设备、仪器、材料

（1）实验设备与仪器：电阻加热炉、淬火槽。

（2）实验材料：45钢与T10钢试样；打磨试样的砂纸。

3. 实验步骤与要求

（1）了解电阻加热炉的结构、使用方法与安全操作规程；

（2）测定试样热处理前的原始硬度并作好记录；

（3）分组进行正火、淬火实验，分别测定试样正火、淬火后的硬度并记录测试数据，注意热处理试样要用砂纸擦去氧化皮后才能测定硬度；

（4）将淬火后的试样分别进行低温、中温、高温回火，测定回火后的硬度并记录测试数据；

（5）互相交流实验数据，做好实验报告，绘出试样回火温度与硬度关系曲线；

（6）保管好热处理试样，留待金相试验时继续使用。

1.2.2　热处理实验方法

钢的热处理是将钢在适当温度范围内进行加热、保温和冷却，以改变其内部的组织结构，从而改变钢的力学性能、工艺性能的工艺方法。常用的热处理方法有退火、正火、淬火与回火。

进行热处理时，加热温度、保温时间与冷却方式是最基本的三个工艺参数，正确地选择这三者的工艺规范，是热处理质量的基本保证。

1. 加热温度的选择

钢材热处理的加热温度与钢的含碳量及含合金元素量有关，也与所选择的热处理方法有关。图 1.1 是碳素钢正火、退火与球化退火（一种将钢中的化合物由层状转变成球粒状的处理工艺）的加热温度选择范围，图 1.2 是淬火加热温度的选择范围。

钢的热处理加热温度与原始组织、加热速度、加热方法等因素有关，各种热处理手册或材料手册中都可以查阅到钢的热处理加热温度。加热温度是热处理成功与否的第一要素，不可任意提高也不可任意降低，否则将达不到热处理的目的，甚至可能造成废品。表 1.2 列出几种钢材的热处理规范。

表 1.2　几种钢材的热处理规范

钢　号	正火温度/℃	退火温度/℃	淬火温度/℃	淬火冷却介质
20	900		880	10% NaCl 水溶液
45	850		840	水
T10		760	780	水
35CrMo	885	850	850	矿物油
40Cr	860	840	850	矿物油

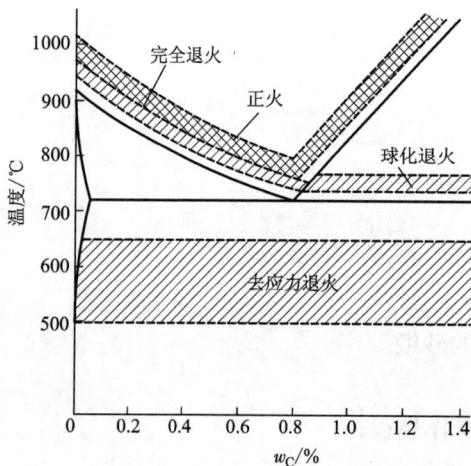

图 1.1　各种退火和正火的加热温度范围

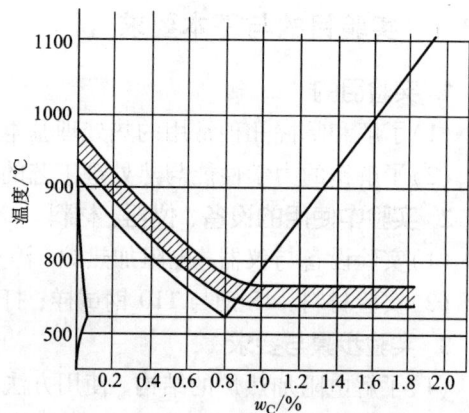

图 1.2　碳钢的淬火加热温度范围

2. 保温时间的确定

热处理过程中，工件在加热炉中保温的目的是使钢的内部达到规定的温度，组织结构发生完全的转变，化学成分均匀。

保温时间应从达到规定温度时算起。保温时间的确定与热处理的要求有关，与工件的大小与形状有关，也与加热设备及装炉工件的多少有关。实际操作时一般根据经验估算保温时间，在空气介质加热炉中，保温时间按工件的直径或厚度 $1 \sim 2$ min/mm，工件尺寸小、装炉量少时取低值，工件大、装炉量多时取高值，合金钢可取高值。如果是在盐浴介质中加热，保温时间则可相应缩短为 $\frac{1}{2} \sim \frac{1}{3}$。

3. 冷却方式与冷却介质的选择

热处理要选择适当的冷却方式和冷却介质，以便获得所要求的组织与性能。

退火一般采用随炉冷却的方式。

正火是保温后从炉中取出在空气中冷却，大工件可采用吹风冷却。

淬火的冷却方式是激冷，必须以很快的冷却速度将钢从高温降低到室温，以保证获得高硬度和高强度。碳素钢淬火一般采用水冷，大工件可以选用盐水或碱水，冷却速度更大。合金钢采用机油或变压器油冷却。由于淬火是一种激烈的冷却方式，使钢的内部发生组织结构的急剧转变，因而伴随着产生很大的应力、脆性，甚至引起工件变形与开裂。油的冷却速度较慢，淬火时引起的应力和脆性较小，淬火变形与裂纹的可能性较小。

操作时，试样由加热炉中取出的动作要快，要迅速转入淬火介质中，并均匀搅动，以达到最佳的冷却效果，保证合格的热处理质量。

表1.3是几种常用淬火介质的冷却速度，可供参考。

表 1.3　几种常用淬火介质的冷却速度

冷却介质	冷却速度/($℃·s^{-1}$)		冷却介质	冷却速度/($℃·s^{-1}$)	
	650~550℃区间	300~200℃区间		650~550℃区间	300~200℃区间
18℃水	600	270	10% NaCl 水溶液	1100	300
25℃水	500	270	10% NaOH 水溶液	1200	300
50℃水	100	270	10% $NaCO_3$ 水溶液	800	270
肥皂水	30	200	机　油	150	30
10% 油水乳化液	70	200	变压器油	120	25

4. 钢的回火操作

钢材淬火之后，获得的组织是一种非平衡状态，存在很大的应力和脆性，为了消除淬火时引起的应力和脆性，稳定工件的内部组织，防止工件变形和产生裂纹，达到所需要的使用性能要求，淬火钢工件必须及时进行回火处理。

回火温度和回火保温时间根据工件要求的组织和性能来确定，一般可分为三种回火工艺。

（1）低温回火　低温回火的加热温度为 $150 \sim 250℃$，低温回火后可基本消除淬火应力与脆性，保留了淬火后的高硬度和高耐磨性，回火硬度为 HRC60 左右。低温回火主要用于要求高硬度和高耐磨性能的工具、量具、模具以及滚动轴承等各种耐磨零件。

（2）中温回火 中温回火的加热温度为 350～500℃。中温回火后，硬度为 HRC40～48，能够获得高强度和高弹性，并且韧性良好，主要用于处理各种弹簧和弹性零件。

（3）高温回火 高温回火的加热温度为 500～650℃。高温回火后零件具有良好的综合力学性能，即强度、硬度较高（其洛氏硬度为 HRC22～35），塑性与韧性也较好。习惯上把淬火与高温回火称为调质处理。调质处理常用于各种重要的结构件，如各种齿轮、轴及杆类零件等。

1.3 硬度实验

1.3.1 实验目的与基本要求

1. 实验目的
了解硬度测定的意义，掌握硬度计的使用方法。

2. 实验中使用的仪器与材料
实验仪器：洛氏硬度计；
实验材料：砂纸、测试试样。

1.3.2 各种硬度实验的应用范围

我们知道，硬度是材料抵抗硬物压入的能力。事实上，硬度是材料强度、弹性与塑性的综合反映。由于硬度的实验设备简单，操作方法简便快捷，而且硬度实验不破坏零件，是一种无损检测方法，因此，硬度测定应用十分广泛。

硬度实验方法有多种形式，常用的几种硬度实验方法及其应用范围列于表 1.4。

同一种材料用不同的硬度计测量，将会得到不同的硬度值。为了便于比较，表 1.8 列出了布氏、维氏、洛氏硬度的换算关系，以备查阅。

表 1.4 常用硬度实验方法及应用范围

名　　称	主　要　应　用　范　围
洛氏硬度	淬火与回火后的钢材、硬质合金的硬度测定等
布氏硬度	退火与正火后的钢材、铸铁、有色金属材料的硬度测定等
维氏硬度	材料的表层硬度、薄板材料的硬度测定等
显微硬度	晶粒、晶界以及各种显微组织的硬度的硬度测定等

这里主要介绍洛氏硬度的实验方法，表 1.5 是洛氏硬度的代号、压头形式、总载荷及应用范围，测试时可以根据不同需要选用。

表 1.5　各种洛氏硬度值的符号、试验条件与应用

标度符号	压　头	总载荷/(kgf)	表盘上刻度颜色	常用硬度值范围	应　用　举　例
HRA	金刚石圆锥	60	黑线	70～85	碳化物、硬质合金、表面硬化工件等
HRB	$\frac{1}{16}''$钢球	100	红线	25～100	软钢、退火钢、铜合金等。
HRC	金刚石圆锥	150	黑线	20～67	淬火钢、调质钢等。
HRD	金刚石圆锥	100	黑线	40～77	薄钢板、表面硬化工件等。
HRE	$\frac{1}{8}''$钢球	100	红线	70～100	铸铁、铝、镁合金、轴承合金等。
HRF	$\frac{1}{16}''$钢球	60	红线	40～100	薄硬钢板、退火铜合金等。
HRG	$\frac{1}{16}''$钢球	150	红线	31～94	磷青铜、铍青铜等。

1.3.3　洛氏硬度计的构造与操作方法

1. 洛氏硬度计的构造

洛氏硬度计的类型较多，外形构造不尽相同，而构造原理及主要部件却没有大的差别。图 1.3 是洛氏硬度计的外形及其机构示意图，图 1.4 是洛氏硬度的读数表盘。

2. 洛氏硬度计的操作方法

从表 1.5 可知，洛氏硬度实验中，采用不同的压头并配相应的实验总载荷值，可配成多种不同的洛氏硬度标度，其中应用最多的是 HRA、HRB、HRC，其余的应用较少。

洛氏硬度计的操作步骤如下：

（1）根据检测要求，按表 1.5 选择压头与载荷；

（2）根据试样大小和形状选择载物台；

（3）将待测试样在砂纸上擦去氧化皮，使待测表面光洁。还应该注意待测试样上、下底面平行，平稳地置于载物台上，否则将影响检测精度；

（4）加预载荷。按顺时针方向转动升降机构的手轮，使试样与压头接触，并使读数表盘上的小指针移至小红点时为止，此时即加上了预载荷。预载荷为 10 kg；

（5）调整读数表盘，使表盘上的长针对准硬度值的读数起点。如选择 HRA、HRC 硬度时，应使长针对准表盘上的黑色标记"C"；选择 HRB 时，使长针对准表盘上的红色标记"B"；

（6）加主载荷。缓慢地扳动加载手柄，使手柄自动升高至停止位置，并保持主载荷约 10 s；

（7）卸主载荷。将卸载手柄按卸载箭头方向推动，卸去主载荷；

(a)硬度计外形
1—读数刻度盘；2—装压头处；3—载物台；
4—升降丝杆、手轮；5—加载手柄；6—卸载手柄

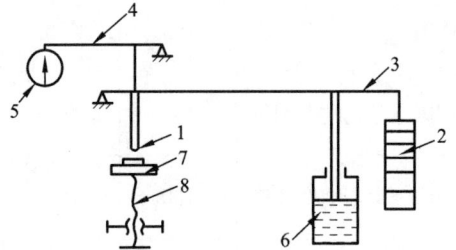

(b)洛氏硬度计机构示意图
1—压头；2—载荷砝码；3—主杠杆；4—测量杠杆；
5—刻度盘；6—缓冲装置；7—载物台；8—升降丝杠

图1.3　洛氏硬度计外形及其机构示意图

(8)读硬度值。洛氏硬度值可在读数表盘上直接读出，表盘上长针指示的数字为材料所测定的硬度值；

(9)每个试样应该测定三点的硬度值，取其平均值作为测定的硬度值。换测第二点、第三点，按逆时针方向旋动手轮，使试样与压头脱离，每两个测点之间相隔的距离应大于压痕直径的 10 倍。

图1.4　洛氏硬度计的刻度盘

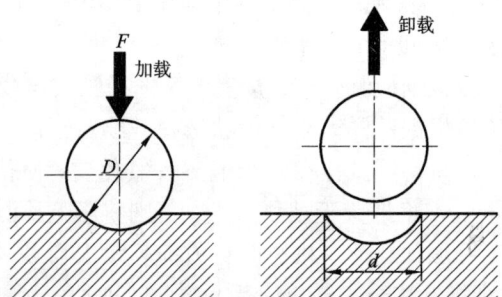

图1.5　布氏硬度测定示意图

1.3.4 布氏硬度实验方法简介

如图 1.5 所示，布氏硬度的实验方法是将直径为 D 的压头在载荷 F 的作用下压入试样表面，使载荷保持规定时间后，卸除载荷，用读数显微镜测量出压头在试样表面上的压痕直径 d，计算出压痕球冠的面积 S，然后再计算出单位面积所受的力，此即试样的布氏硬度值，用 HBS 或 HBW 表示，如果压头是淬火钢球则为 HBS，压头用硬质合金球则为 HBW。在实际操作时，不必用计算压痕面积去求得硬度值，只需测量出压痕直径 d 后，查表得到硬度值（见表 1.7）。

布氏硬度实验可根据材料的软硬和厚度选择不同的压头和不同的载荷。当采用淬火钢球作压头时，钢球的直径有 $D=2.5$ mm，$D=5$ mm，$D=10$ mm 三种，载荷有 156 N，612.9 N，1839 N，2452 N，7355 N，9807 N，29420 N 等七种。当采用不同大小的载荷和不同直径的钢球测定布氏硬度时，只要满足 $F/D^2 =$ 常数，则同一种材料测得的布氏硬度值是相同的。国家标准规定 F/D^2 的比值为 294.2、98 和 24.5 三种。一般情况下，多选择 $D=10$ mm，$F=29420$ N，保持载荷时间为 10 s。

表 1.6 是采用淬火钢球压头时，布氏硬度的试验规范。

表 1.6　压头为淬火钢球时的布氏硬度实验规范

金属类型	布氏硬度范围（HB）	试件厚度/mm	载荷 F 与压头直径 D 的关系（$0.102F/D^2$）	钢球直径 D/mm	载荷 F/N	载荷保持时间/s
黑色金属	140 ~ 450	6 ~ 3 4 ~ 2 <2	$F=294.2D^2$	10 5.0 2.5	29420 7355 1839	10
	<140	>6 6 ~ 3 <3	$F=98D^2$	10.0 5.0 2.5	9870 2452 6129	10
有色金属	>130	6 ~ 3 4 ~ 2 <2	$F=294.2D^2$	10 5.0 2.5	29420 7355 1839	30
	36 ~ 130	9 ~ 3 6 ~ 3 <3	$F=98D^2$	10 5.0 2.5	9807 2452 612.9	30
	8 ~ 35	>6 6 ~ 3 <3	$F=24.5D^2$	10 5.0 2.5	2452 612.9 153.2	30

布氏硬度的表示方法是：若用淬火钢球压头，$D=10$ mm，载荷 $F=29420$ N，保持载荷时间为 10 s，测得的硬度为 280，则布氏硬度表示为 280HBS10/3000。在其他实验条件下，布氏硬度的表示也应注明压头直径、载荷大小及保持载荷的时间。

表 1.7　压痕直径与布氏硬度对照表

压痕直径 (d_{10}，$2d_5$ 或 $4d_{2.5}$)/mm	布氏硬度 HBS 或 HBW 在下列载荷 F 下			压痕直径 (d_{10}，$2d_5$ 或 $4d_{2.5}$)/mm	布氏硬度 HBS 或 HBW 在下列载荷 F 下		
	$294.2D^2$	$98D^2$	$24.5D^2$		$294.2D^2$	$98D^2$	$24.5D^2$
2.40	653	218		3.50	302	101	25.2
2.45	627	208		3.52	298	99.5	24.9
2.50	601	200		3.54	295	98.3	24.6
2.55	578	193		3.56	292	97.2	24.3
2.60	555	185		3.58	288	96.1	24.0
2.65	534	178		3.60	285	95.0	23.7
2.70	515	171		3.62	282	93.9	23.5
2.75	495	165		3.64	278	92.8	23.2
2.80	477	159		3.66	275	91.8	22.9
2.85	461	154		3.68	272	90.7	22.7
2.90	444	148		3.70	269	89.7	22.4
2.95	429	143		3.72	266	88.7	22.2
3.00	415	138		3.74	263	87.7	21.9
3.02	409	136	34.1	3.76	260	86.8	21.7
3.04	404	134	33.7	3.78	257	85.8	21.5
3.06	398	133	33.2	3.80	255	84.9	21.2
3.08	393	131	32.7	3.82	252	84.0	21.0
3.10	388	129	32.3	3.84	249	83.0	20.8
3.12	383	128	31.9	3.86	246	82.1	20.5
3.14	378	126	31.5	3.88	244	81.3	20.3
3.16	373	124	31.1	3.90	246	80.4	20.1
3.18	368	123	30.7	3.92	239	79.6	19.9
3.20	363	121	30.3	3.94	236	78.7	19.7
3.22	359	120	29.9	3.96	234	77.9	19.5
3.24	354	118	29.5	3.98	231	77.1	19.3
3.26	350	117	29.2	4.00	229	76.3	19.1
3.28	345	115	28.8	4.02	226	75.5	18.9
3.30	341	114		4.04	224	74.7	18.7
3.32	337	112	28.1	4.06	222	73.9	18.5
3.34	333	111	27.7	4.08	219	73.2	18.3
3.36	329	110	27.4	4.10	217	72.4	18.1
3.38	325	108	27.1	4.12	215	71.7	17.9
3.40	321	107	26.7	4.14	213	71.0	17.7
3.42	317	106	26.4	4.16	211	70.2	17.6
3.44	313	104	26.1	4.18	209	69.5	17.4
3.46	309	103	25.8	4.20	207	68.8	17.2
3.48	306	102	25.5	4.22	204	68.2	17.0

续上表

压痕直径 (d_{10}, $2d_5$ 或 $4d_{2.5}$)/mm	布氏硬度 HBS 或 HBW 在下列 载荷 F 下			压痕直径 (d_{10}, $2d_5$ 或 $4d_{2.5}$)/mm	布氏硬度 HBS 或 HBW 在下列 载荷 F 下		
	$294.2D^2$	$98D^2$	$24.5D^2$		$294.2D^2$	$98D^2$	$24.5D^2$
4.24	202	67.5	16.9	4.92	148	49.2	12.3
4.26	200	66.8	16.7	4.94	146	48.8	12.2
4.28	198	66.2	16.5	4.96	145	48.4	12.1
4.30	197	65.5	16.4	4.98	144	47.9	12.0
4.32	195	64.9	16.2	5.00	144	47.5	11.9
4.34	193	64.2	16.1	5.05	140	46.5	11.6
4.36	191	63.6	15.9	5.10	137	45.5	11.4
4.38	189	63.0	15.8	5.15	134	44.6	11.2
4.40	187	62.4	15.6	5.20	131	43.7	10.9
4.42	185	61.8	15.5	5.25	128	42.8	10.7
4.44	184	61.2	15.3	5.30	126	41.9	10.5
4.46	182	60.6	15.2	5.35	123	41.0	10.3
4.48	180	60.1	15.0	5.40	121	40.2	10.1
4.50	179	59.5	14.9	5.45	118	39.4	9.9
4.52	177	59.0	14.7	5.50	116	38.6	9.7
4.54	175	58.4	14.6	5.55	114	37.9	9.5
4.56	174	57.9	14.5	5.60	111	37.1	9.3
4.58	172	57.3	14.3	5.65	109	36.4	9.1
4.60	170	56.8	14.2	5.70	107	35.7	8.9
4.62	169	56.3	14.1	5.75	105	35.0	8.8
4.64	167	55.8	13.9	5.80	103	34.3	8.6
4.66	166	55.3	13.8	5.85	101	33.7	8.4
4.68	164	54.8	13.7	5.90	99.2	33.1	8.3
4.70	163	54.3	13.6	5.95	97.3	32.4	8.1
4.72	161	53.8	13.4	6.00	95.5	31.8	8.0
4.74	160	53.3	13.3				
4.76	158	52.8	13.2				
4.78	157	52.3	13.1				
4.80	156	51.9	13.0				
4.82	154	51.4	12.9				
4.84	153	51.0	12.8				
4.86	152	50.5	12.6				
4.88	150	50.1	12.5				
4.90	149	49.6	12.4				

注：表中压痕直径为 φ10 mm 钢球试验数值，如用 φ5 mm 或 φ2.5 钢球试验时，则所得压痕直径应分别增加 2 倍或 4
倍。例如用 φ5 mm 钢球在 750 kgf 载荷作用下所得压痕直径为 1.65 mm，则在查表时应采用 3.30 mm（即 1.65 × 2
= 3.30），而其相应硬度值为 341。

表 1.8　布氏、维氏、洛氏硬度值的换算表(以布氏硬度试验时测得的压痕直径为准)

$D = 10$ mm $F = 29420$ N 时 的压痕直径 /mm	硬　度					$D = 10$ mm $F = 29420$ N 时 的压痕直径 /mm	硬　度				
	HB	HV	HRB	HRC	HRA		HB	HV	HRB	HRC	HRA
2.20	780	1220		72	89	4.05	223	221	97	21	61
2.25	745	1114		69	87	4.10	217	217	97	20	61
2.30	712	1021		67	85	4.15	212	213	96	19	60
2.35	682	940		65	84	4.20	207	209	95	18	60
2.40	653	867		63	83	4.25	201	201	94		59
2.45	627	803		61	82	4.30	197	197	93		58
2.50	601	746		59	81	4.35	192	190	92		58
2.55	578	694		58	80	4.40	187	186	91		57
2.60	555	649		56	79	4.45	183	183	89		56
2.65	534	606		54	78	4.50	179	179	88		56
2.70	514	587		52	77	4.55	174	174	87		55
2.75	495	551		51	76	4.60	171	171	86		55
2.80	477	534		49	76	4.65	165	165	85		54
2.85	461	502		48	75	4.70	162	162	84		53
2.90	444	474		47	74	4.75	159	159	83		53
2.95	429	460		45	73	4.80	156	154	82		52
3.00	415	435		44	73	4.85	152	152	81		52
3.05	401	423		43	72	4.90	149	149	80		51
3.10	388	401		41	71	4.95	146	147	78		50
3.15	375	390		40	71	5.00	143	144	77		50
3.20	363	380		39	70	5.05	140		76		
3.25	352	361		38	69	5.10	137		75		
3.30	341	344		37	69	5.15	134		74		
3.35	331	333		36	68	5.20	131		72		
3.40	321	320		35	68	5.25	128		71		
3.45	311	312		34	67	5.30	126		69		
3.50	302	305		33	67	5.35	123		69		
3.55	293	291		31	66	5.40	121		67		
3.60	285	285		30	66	5.45	118		66		
3.65	277	278		29	65	5.50	116		65		
3.70	269	272		28	65	5.55	114		64		
3.75	262	261		27	64	5.60	111		62		
3.80	255	255		26	64	5.70	107		59		
3.85	248	250		25	63	5.80	103		57		
3.90	241	246	100	24	63	5.90	99		54		
3.95	235	235	99	23	62	6.00	95.5		52		
4.00	225	226	98	22	62						

1.4　合金的流动性实验

1.4.1　实验目的与基本要求

1. 实验目的
(1) 了解合金流动性的概念；
(2) 分析影响合金流动性的主要因素。

2. 实验所用设备及材料
(1) 实验设备：坩埚电阻炉、热电偶、动圈式温度指示仪、砂箱及造型工具等；
(2) 实验材料：铝锭、铝 – 硅中间合金、型砂。

3. 实验步骤
(1) 分成四个组：第一组测量不同化学成分对合金流动性的影响；第二组测量不同浇注温度对合金流动性的影响；第三组测量不同浇注压头对合金流动性能的影响；第四组测量石墨涂料对合金流动性能的影响；
(2) 分组造型，每组造型两个；
(3) 将已熔化好的熔融合金浇注于铸型中；
(4) 打开铸型，取出铸造螺旋线试样，测量铸造螺旋线长度，填写实验报告；
(5) 各组相互交流实验数据，完成实验报告。

1.4.2　影响合金流动性的因素与流动性实验方法

1. 合金流动性的概念与影响流动性的因素

合金的流动性系指熔融合金充填铸型的能力，它是合金的重要铸造性能之一。流动性好的合金，容易充满铸型，得到形状正确、轮廓清晰的铸件。设计这类合金铸件时，允许采用较薄的壁厚。反之，流动性差的合金，难以充满铸型，熔融金属中的夹杂和气体不易排除，补缩也困难，致使铸件容易产生浇不足、气孔、缩松等缺陷。因此，设计这类合金铸件时，壁厚不允许太薄。

影响合金流动性的因素很多，其中以化学成分和熔化浇注温度最为重要，其次铸型的充填条件，如浇注压头的高低、浇注系统各部分的形状、尺寸和位置，铸型的干湿情况、铸型的内腔表面粗糙度、铸型的种类(金属型、砂型、泥型等)以及铸件结构等因素，对合金充填铸型的能力均有一定的影响。这些因素控制不当，也严重影响铸件质量，因而不能忽视。

(1) 合金成分的影响

共晶成分的合金具有最佳流动性。本实验采用铝硅合金 ZL102。从合金状态图可知，在相同浇注温度下，共晶合金的过热度最大，它的晶粒是由颇多核心同时结晶的，在结晶前为均匀的熔融金属，合金流动的阻力小，结晶潜热释放集中，有利于保持熔融合金温度；而且凝固温度范围小，熔融金属在铸型中形成外壳后，其内表面较平滑，对尚未凝固的熔融金属流动阻力小，合金还可继续流动。而亚共晶和过共晶成分合金的凝固温度范围大，初生树枝状晶体混杂在熔融金属中，阻碍熔融合金流动，故流动性差。

（2）浇注温度的影响

合金的浇注温度愈高，则熔融金属的粘度愈低，表面张力也愈小，流动性就愈好。合金的熔化温度愈高，过热温度就愈大，合金保持熔融态流动的时间就愈长，因而大幅度提高了合金的流动性。浇注温度的高低对合金流动性的影响非常敏感，但是，熔化浇注温度过高，会使铸件的收缩量增加，吸气增多，氧化严重，还有可能使晶粒粗大，铸件力学性能下降。

（3）浇注压头高度及铸型涂料的影响

显然，增加浇注时压头的高度，会使熔融合金的静压力增大，流动速度加快，有利于充填铸型。型腔内表面涂刷石墨等涂料，使型腔粗糙度下降，熔融金属流动阻力减小，熔融合金充填能力提高。而且涂料保温性能好，使熔融金属保持态流动的时间增长，流程加大。

2. 实验操作

图1.6为螺旋试样合型示意图。合型时注意上、下型与浇口杯三者对齐，按下列顺序进行浇注。

第一组将温度为710℃的共晶合金和亚共晶成分的合金分别浇入两个相同的铸型中。

第二组将温度各为710℃和780℃的共晶合金分别也浇入两个相同的铸型中。

第三组将温度为780℃的亚共晶成分的合金分别浇入两个直浇道高度不同的铸型中。

第四组将温度为710℃的亚共晶成分的合金分别浇入撒有石墨粉和内腔未撒石墨粉的两个不同铸型中。

图1.7为螺旋形式样模样示意图。试验时，将熔融合金液体浇入铸型中，冷却后测量合金螺旋线的长度（每两个尺寸凸台之间的距离为50 mm），即为流动性读数。

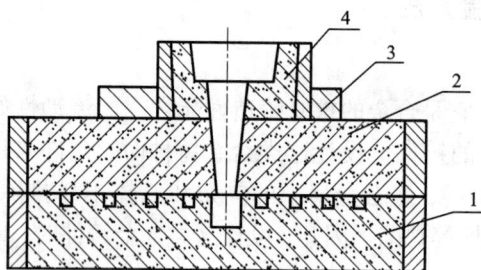

图1.6　螺旋试样合型图

1—下砂型；2—上砂型；3—压铁；4—浇口杯

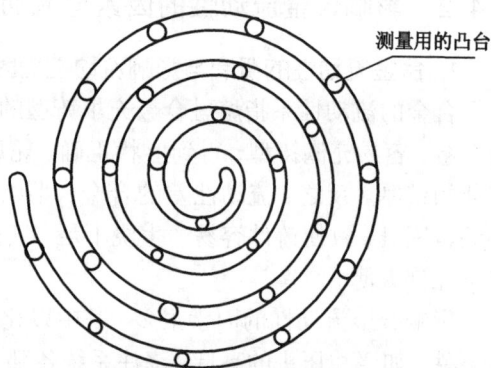

图1.7　螺旋试样模样图

2 数控加工操作方法

2.1 数控车削操作方法

2.1.1 概述

数控车削是一项应用十分广泛的加工技术。应用数控车削方法加工机械零件，首先应根据零件和毛坯的形状以及工艺要求编写出加工程序，然后输入到机床的数控系统中，调试好机床并完成对刀等准备工作后，启动程序就可以加工出合格的零件。

程序的编写在生产过程中有至关重要的作用，任何一种数控机床，如果其数控系统中没有输入程序指令，就不能工作，因此在实习过程中要强调这方面的训练。此外，熟练操作机床也是数控加工技术的训练目的。

2.1.2 编程练习

请根据课堂教学和示范讲解，编写出符合 FANUC 0i 数控系统且符合工艺要求的零件加工程序。

已知零件毛坯为足够长的 φ25 圆棒料，材料为 45 钢，加工如图 2.1 所示零件，试编写其数控加工程序，将程序代码填写在表 2.1 空格内。

【分析过程】

1. 根据零件图纸要求和毛坯情况，确定工艺方案及加工路线

此回转体零件包括 SR6.5、R6、φ20 和 R8 四段圆弧，φ13 外圆柱面一段，φ16、1:15 圆锥体面一段，属于短轴类零件，轴心线为工艺基准，用三爪自定心卡盘一次装夹完成粗、精加工。

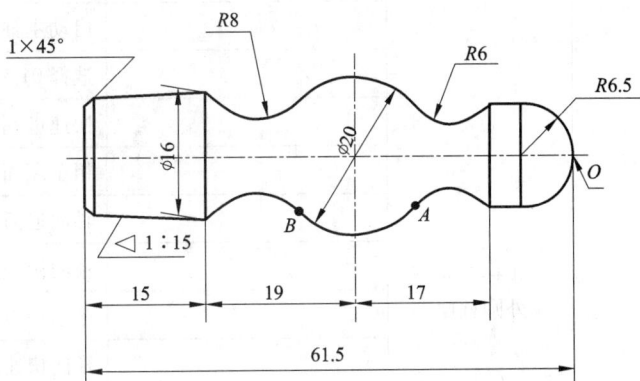

图 2.1 零件图

其工步顺序如下：

①粗车端面，分二次走刀粗车 φ20.5 外圆柱面；

②分三次走刀粗车 $\phi14$ 外圆柱面，倒角（两处），分二次走刀粗车 $\phi16.5$ 外圆柱面，车削出如图 2.2 所示的半成品；

③车削各段圆弧；

④切断。

2. 选择刀具

根据加工要求，选用三把刀具，T01 为 90°外圆车刀，T02 为 60°尖刀，T03 为切断刀。$SR6.5$ 半球面、

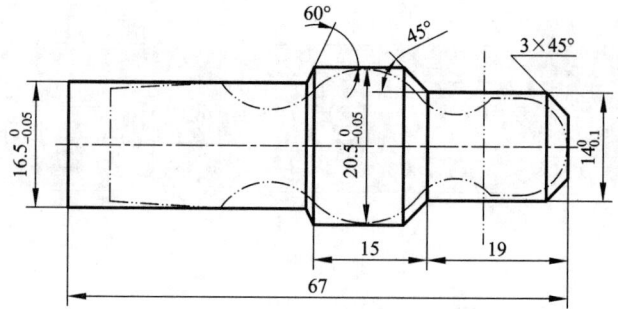

图 2.2　粗加工后的形状

$\phi13$ 外圆柱面和 $R6$ 圆弧回转面采用 90°外圆车刀车削，其余部分用 60°尖刀车削，最后的切断工作由切断刀完成。将这三把刀全部安装到自动换刀刀架上，且都对好刀，把它们的刀偏值输入相应的刀具参数中。

3. 确定切削用量

切削用量的具体数值应根据该机床性能、相关的手册并结合实际经验确定。

4. 确定工件坐标系并计算圆弧交点坐标

设最右端圆弧顶点 O 为 z 轴原点，建立 XOZ 工件坐标系。

计算出 $\phi20$ 圆弧与 $R6$ 圆弧的交点 A 点、$\phi20$ 圆弧与 $R8$ 圆弧交点 B 点的坐标为：

$A(X13.4, Z-19.69)$　　　　　　$B(X14.44, Z-34.43)$

表 2.1　请填写程序代码

步骤	工艺过程简述	程 序 代 码	说　　　　明
1	粗车端面、 外圆柱面		设置工件坐标系，换刀点(X30, Z150)
			启动主轴，注意转速不要过高
			选择 01 号刀
			快速进到(X30, Z0)处
			粗车端面
			轴向退刀 2 mm
			径向快速退刀至 X23
			车第一刀至 Z-67
			径向快速退刀至 X26
			轴向快速退刀至 Z2
			快进至 X20.5
			车第二刀至 Z-67
			径向快速退刀至 X26
			轴向快速退刀至 Z2

续上表

步骤	工艺过程简述	程 序 代 码	说　　明
2	粗车 半成品		快进至 X18
			ϕ14 外圆车第一刀至 Z−19
			径向快速退刀至 X21
			轴向快速退刀至 Z2
			快进至 X16
			ϕ14 外圆车第二刀至 Z−19
			径向快速退刀至 X21
			轴向快速退刀至 Z2
			快进至 X4
			倒角，慢速进刀至 (X14, Z−3)
			ϕ14 外圆车第三刀至 Z−19
			倒角，慢速进刀至 (X20.5, Z−22.25)
			快速退回至换刀点
			换 02 号刀
			快速进刀到 (X21, Z−33.5)
			慢速进刀至 X18
			ϕ16.5 外圆车第一刀至 Z−67
			径向快速退刀至 X21
			轴向快速退刀至 Z−33.5
			慢速进刀至 X16.5
			ϕ16.5 外圆车第二刀至 Z−67
3	车削各段 圆弧		径向快速退刀至 X25
			快速退回至换刀点
			换 01 号
			刀快速进刀至 (X0, Z2)
			车第一段圆弧，终点 (X13, Z−6.5), R6.5
			车第一段圆柱面至 Z−10.5
			快速退回至换刀点
			换 02 号刀
			快速进刀至 (X13.5, Z−10.5)
			径向慢速进刀至 X13

续上表

步骤	工艺过程简述	程 序 代 码	说　　　　明
3	车削各段圆弧		车第二段圆弧，终点（X13.5，Z−19.69），R6
			车第三段圆弧，终点（X14.44，Z−34.42），R10
			车第四段圆弧，终点（X16，Z−46.5），R8
			车 φ16、1:15 圆锥面，终点（X15，Z−61.5）
4	切断		快速退回至换刀点
			换 03 号刀
			快速进刀到（X25，Z−61.5）
			切断，慢速进刀至 X0.0
			快速退回至换刀点
5	结束		程序结束

2.1.3　操作练习

练习内容：将图 2.1 所示的零件采用数控车床加工出来。

步骤 1：听取示范讲解，熟悉机床操作界面（如图 2.3 所示）

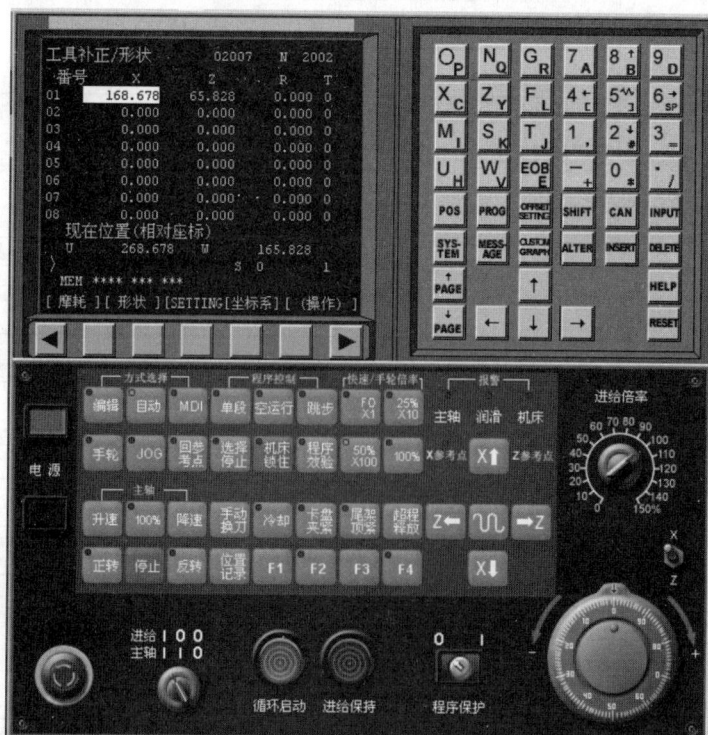

图 2.3　CK6136 数控车床的操作面板

表 2.2　　数控车床操作面板按键功能简表

名　称	用　途
POS	当前位置的显示
PROG	程序显示屏
OFFSET SETTING	偏置量设置
GRAPH	图形模拟
复位键 RESET	解除报警,终止当前一切操作,CNC 复位
地址/数字键	字母、数字等文字的输入
输入键 INPUT	用于参数、偏置等的输入。还用于 IO 设备的输入开始,MDI 方式指令数据的输入
取消键 CAN	删除输入到缓冲存储器中的文字或符号
修改键 ALTER	修改输入到缓冲存储器中的文字或符号
PAGE	向前、向后翻 CRT 画面,用于选择不同的屏幕页面,
软键	可根据用途提供给软键各种功能。 软键能提供的功能在 CRT 画面的最下方显示。 左端的软键:在软键输入各种功能时返回最初状态 右端的软键:用于本画面未显示完的功能
循环启动	自动加工
进给暂停	自动加工暂停,直到按循环启动键后再继续进给
方式选择	选择操作方式
快速进给	刀具快速进给
步进进给	步进进给
单程序段	自动运转时使加工程序逐段执行
跳过任选程序段	跳过程序的任选程序段
空运转	自动和 MDI 状态下不装工件,机床空运转,以检查程序
返回参考点	返回机床参考点
快速进给倍率	选择快速进给的倍率值
手摇脉冲发生器	手动进给时,转动手摇盘进行所选轴的正方向或负方向进给
步进进给量	选择步进进给 1 步的移动量
紧急停止	使机床紧急停止
机床锁住	锁住机床不动,试运行程序
手动轴选择	选择手动方式移动的轴

步骤 2:输入编好的 NC 程序

首先将程序保护开关置为 OFF,然后将模式选择开关选为编辑 EDIT 方式, 按 PROG 键,显示程序, 即可进行程序编辑的有关操作,其操作方式和步骤如下:

1)创建一新个程序:

首先按地址 O,键入程序号, 按 INSERT 键,该程序即被创建。

添加程序号之前必须检索程序,添加一个 CNC 中没有的程序号。

2）字的修改

如将 Z08 改为 M08，首先检索要修改的字 Z08，将光标移到 Z08，输入改变后的字 M08，再按 ALTER 键即可修改。

3）字的删除

如欲删除程序段 N020 G01 X120.0 Z200.0 F30；中的字 X120.0，首先将光标移至该程序段的 X120.0 位置，按 DELETE 键即可删除字 X120.0。

4）字的插入

如欲在程序段 N020 G01 X120.0 Z200.0 F30；中加入 G41，改为 N020 G41 G01 X120.0 Z200.0 F30；可首先将光标移动到要插入字的前一个字位置 G01 处，输入要插入的字 G41，再按 1NSERT 键即完成插入。

5）程序段的删除

如欲删除程序段 N020 G01 X120.0 Z200.0 F30；，首先将光标移到要删除程序段的第一个字 N020 位置，按 EOB 键，再按 DELETE 键，即删除整个程序段。

（7）程序的删除

首先按地址 O，键入程序号，按 DELETE 键，该程序即被删除。

步骤 3：调试刀具加工零点（即对刀）

Fanuc 系统数控车床设置工件零点常用方法有如下两种：

方法一，直接用刀具试切对刀

1）用外圆车刀先试车一外圆，记住当前 X 坐标，测量外圆直径后，用 X 坐标减外圆直径，所的值输入 offset 界面的几何形状 X 值里。

2）用外圆车刀先试车一外圆端面，记住当前 Z 坐标，输入 offset 界面的几何形状 Z 值里。

方法二，用 G50 设置工件零点

1）用外圆车刀先试车一外圆，测量外圆直径后，把刀沿 Z 轴正方向退点，切端面到中心（X 轴坐标减去直径值）。

2）选择 MDI 方式，输入 G50 X0 Z0，启动 START 键，把当前点设为零点。

3）选择 MDI 方式，输入 G0 X30 Z150，使刀具离开工件进刀加工。

4）这时程序开头：G50 X30 Z150 ……

注意：用 G50 X30 Z150，你起点和终点必须一致即（X30，Z150），这样才能保证重复加工不乱刀。

步骤 4：空运行检查程序并修正错误

程序运行前应该进行以下三项检查：

①检查程序：检查 G 功能，S、M、T 功能，检查坐标值

②检查刀架：检查刀架位置是否在安全位置，刀具情况

③检查机床主轴：检查主轴的手柄位置是否正确

上述检查正确无误后，把机械运动、主轴运动以及 M、S、T 等辅助功能锁定，将空运转开关为 ON，此时机床按设定的速度移动而不考虑程序中指定的进给速度，在自动循环模式下让程序空运行，通过观察机床坐标位置数据和报警显示判断程序是否有语法、格式或数据错误。此时切记张开卡盘爪，并调整到车刀运动轨迹之外。如车刀空运转时进入卡爪内，将会发生碰撞事故。

有图形模拟加工功能的数控车床，在自动加工前，为避免程序错误、刀具碰撞工件或卡盘，可对整个加工过程进行图形模拟加工，检查刀具轨迹是否正确。模拟加工操作动作为：按功能键 GRAPH 显示绘图参数画面，输入毛坯内、外径以及长度尺寸、比例系数，选择刀具，然后按下软键 GRAPH，启动自动运行或手动运行，于是机床开始移动并在画面上绘出刀具的运动轨迹，如有错误，进行修改，再模拟加工，直到正确为止。

步骤5：装夹毛坯并运行 NC 程序，加工出零件

加工程序确认无误后，可以装夹工件毛坯，开始准备运行 NC 程序来加工零件，主要操作方式和步骤如下：

1）选择 AUTO 方式；

2）按程序键 PROG。

3）按地址键 O 和准备运行的程序号数字.

4）按 CURSOR 键，使 CRT 画面为被选程序的程序头.

5）按下循环启动按钮 CYCLE START，则自动运行开始，循环启动按钮上的绿灯亮。

需要提醒特别注意的是，自动运行前必须使各坐标轴返回参考点。

数控车床操作安全防护知识：

1）急停

当机床在加工过程中出现紧急情况时，应按下紧急停止键，机床各轴将立即停止移动，主轴也停止转动，解除的方法是将旋钮旋转后弹起即解除。在急停操作后注意以下几点：①应查出故障原因，并消除故障；②急停解除后，应按下机床操作面板上的复位键才能启动机床。

2）超程

当机床移动轴超出机床参数内设置的软件限位范围，或当输入的程序或数超过行程限位范围时，在 CRT/MDI 显示器上显示超程报警。此时用手动 JOG 操作机床，将刀具向安全的方向移动，然后按下复位键，解除报警。

当机床移动的轴在某一方向撞上机床上安装的行程限位开关时，CNC 进入急停状态。此时强行按住机床操作面板上的复位键，用手动 JOG 或 HANDLE 反方向移动该轴，直至退出压住的限位开关。

练习题

图2.4 是手柄零件图，试编制其数控车削加工程序（由学生确定编程坐标系及刀具号）。

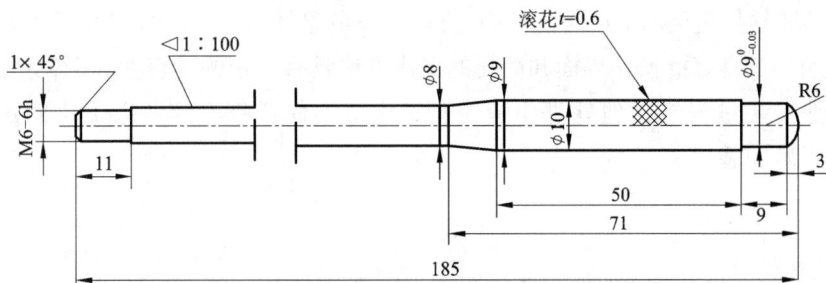

图2.4 手柄零件图

2.2　数控铣削操作方法

2.2.1　概述

手工编写 NC 程序时，编程人员要按照数控指令来定义机床或刀具的移动，所以手工编程只适应于工件形状比较简单、刀具运动轨迹为二维的零件。如果工件形状复杂，编程过程就必须进行大量的坐标运算，随着计算机辅助设计(CAD)与计算机辅助制造(CAM)技术的发展，数控编程的效率大大提高，机床的加工能力也相应得到提升。能三轴以上联动的数控铣床、加工中心等通常采用 CAM 软件编写加工程序。

所谓 CAM 技术即利用 CAM 软件将产品的 CAD 电子文件转化为数控加工程序(或称 NC 程序)文件，由于在高档的数控机床上采用了计算机作为数控系统的核心，于是，先在计算机上设计出产品图纸并将其转化为数控加工程序文件，再用磁盘或网络作为载体将其送入数控机床的 NC 内。从而实现数控编程自动化。

目前，市场上有多种 CAM 和 CAD/CAM 系统，具有代表性的有 alpha CAM、Master CAM、ProE 等。它们的基本功能大致如下：

(1)零件几何造型：生成零件三维图形。

(2)刀具运动的定义：把加工系统设置参数、工序设置参数和运动定义等机械加工参数输入到计算机，以便生成加工工件所需要的刀位数据文件。

(3)数据处理：计算机进行数据的处理。

(4)后置处理：不同的 NC 机床有不同的特点和功能，其 NC 指令格式也不完全相同，所以需要将来自刀位数据文件的通用指令进行处理，以转换为特定的 NC 机床格式指令，这个过程叫后置处理。

(5)数据传输：将 NC 程序采用离线或在线方式传送到 NC 机床。

某些只能部分实现上述功能的软件，比如 Solid Works 只能实现几何造型功能。

2.2.2　Alpha CAM 软件简介

Alpha CAM 软件有完善的 CAM 功能。

Alpha CAM 软件是英国 Licom Systems 公司开发的基于 Windows95、98、2000、NT4.0 的 CAM 应用软件，其良好的操作界面和简便的操作方法具有一定的代表性，教学过程中采用其汉化版。软件安装过程与其他软件十分类似，这里不作详细介绍。以下均假定软件已在 WIN2000 下正确安装。

1. 认识 alpha CAM2001 的主要菜单

表 2.3 alpha CAM2001 主要菜单简介

分类	菜单项	快捷键	图标	说　　明
档案菜单	开启新档	Ctrl + N		清除内存,开始绘新图。
	输入 NC...			将手写或其他 CAM 系统产生的 NC 程序读进系统成为刀具路径或图形,如有过多的循环或子程序则可能出错。
	输入 CAD...	Ctrl + I		有 DXF、IGES、CADL、ANVIL 或 VDA – FS 格式可供选用,可以读入其他 CAD 系统制作的图形文件。
	输出 NC...			依照选取后处理器中的设定,生成刀具路径或图形的 NC 加工代码并赋名存盘,系统会询问是否输出全部加工道次。通常选用全部加工道次。
	选取后处理器			机型不同(车、铣等),NC 代码会有小的区别,CAM 系统产生 NC 代码时会依照你选用的后处理器来产生。
	列出 NC 码	Ctrl + L		以目前选定的后处理器来输出 NC 代码,如无刀具路径时,则没有换刀;如有,则列出加工道次。
编辑菜单	倒回	Ctrl + Z		可以撤消大部分的指令。(显示、读盘、存盘不能撤消)
	删除	Ctrl + Del		执行删除时,要求点取欲删除的刀具路径或图形,并要求确认。
	下刀点	Ctrl + F		用于设定封闭轮廓或刀具路径的下刀点,可以用加工刀具方向……对话框中反向来切换刀具方向。
	搬移			可将几何图形或刀具路径移动到任意位置,需要设定参考点以及新位置。
	拷贝			可将几何图形拷贝到任意位置。仍然保持原图,如果拷贝刀具路径,系统要求确认拷贝为线性拷贝。
	旋转			以基准点为基准,将任意选定的几何图形旋转任意角度。基本含义同 AutoCAD 中 Rotate 指令。
	镜像			要求指定镜像线,则以此线为对称轴,复制出选定的几何图形的镜像对称图形。同 AutoCAD 中的 Mirror 指令。
	截断			可将任意几何图形或刀具路径,以指定点或以切割的图形、辅助线将之打断,再用删除将连续图形的一部分删去。
	修剪			类似截断,可打断并修剪几何图形及刀具路径。先选相交的几何图形(可框选),再选要修剪的几何图形。
	连接			将头尾相接的图形,辅助线或刀具路径连接成一连续的元素(可框选)。

续上表

分类	菜单项	快捷键	图标	说　明
显示菜单	显示全部	Ctrl + A	🔍	将内存中的图形等(隐藏了的除外)全部显示出来,并调整到适应整个屏幕。
	显示窗口	Ctrl + A	🔍	将框选的图形放大到整个屏幕。
	重绘屏幕	Ctrl + R	R	不变动图形尺寸及窗口大小,重绘图形,去除前一操作在屏幕上留下的杂质图素。
	显示刀具方向		↯	用一小圆圈加一小箭头的图形表示刀具起始点及方向。
	3D 视窗		3D	将几何图形以 3 维、前视、侧视、俯视在四个窗口中显示。如欲调整窗口大小,用鼠标点在交叉点上并拖动到需要的地方放开即可。
	3D 实体模型			指向此菜单,可弹出实体切削模拟,模拟切削之前,在 XY 视窗上画一包含工件的外框,将其设为材料并给予深度。模拟切削时可选择是否涂彩。
几何图形菜单	线段		↗	用于绘制线段,要求输入线段起点及终点的直角坐标值,必要时,还可以用抓点(交点、终点、端点等等)方式俘获已知点作为线段的起终点。也可以按 F1 图标(不知道)系统要求输入方向及长度(直角坐标与极坐标互换)。
	弧		↗	绘制弧线的操作,提供多种绘制方式(3 点、两点 + 半径、两点 + 中心等等)。
	圆		⊖	绘制圆的操作,提供多种绘制方式。
	矩形		⬈	绘制矩形的操作,要求输入矩形的两个角落的坐标,绘制的矩形除可作为几何图形外,还可作材料尺寸等等。
	3D 曲面			由零件的视图生成 3 维曲面。并以此形成零件实体。非常重要! 本表格后要重点介绍。
3D 菜单	设定工作六面体		⬚	工作六面体的作用是让所有的 3D 图素能以绝对坐标表其相互关系。通常在绘图前,都要设定工作六面体,然后再选择工作平面。设定工作六面体之前要先画一个矩形,再执行本项菜单,并按工件需要给出工作六面体的高度。
	选取工作平面		⬚	如感觉在某平面内作图较方便,可选其为工作平面;系统缺省的工作平面是前视窗口。
	现有几何图形所在平面		⬚	如选取现有的任意几何图形,则调出作此图形时的工作平面及其原先的工作原点。并将其设为当前工作平面。
	平行现有工作平面所在平面		⬚	先选定工作平面,再执行此指令,再输入距工作平面的距离,系统按照 Z 方向移动,将平行移动后的平面设为当前工作平面。作用仍是设定工作平面。

续上表

分类	菜单项	快捷键	图标	说　明
3D 菜单	现在工作平面反向			将工作平面的 Z 方向反向。
	取消工作平面			因可随时选择新工作平面,所以不常使用。此指令可让在 2D 视窗中看到所有的几何图形。
	设定材料尺寸			在进行 3D 实体切削前,须先定义材料尺寸,若加工只在轮廓内部,可选择轮廓为材料尺寸,否则须再画一个包括全部的外框,此外框可以是任意形状。
CAD 菜单	隐藏图形			用点选或框选的方式可以将不同的任何图形隐藏起来,这样,在重绘屏幕时速度会快一些。
	显示隐藏图形			运行此菜单可任何隐藏的图形全部显示出来。
加工菜单	选取刀具			加工前必须选取刀具,运行此菜单可选取合适的刀具,也可自定义刀具。
	刀具方向			运行此菜单可设定刀具加工方向。
	选取材料			加工前必须选取工件的材料。
	循边铣削			二维加工工件的轮廓时,可选择循边铣削。含义即如其名
	袋型加工			3D 雕刻凹凸花纹、字符等时,选择此菜单来加工,需要给定加工边框("袋型")。
	3D 加工|曲面加工			3D 曲面精加工时选用,其中有很多参数必需给定,包括走刀方式、转速、进给量、安全高度等,这些都是生成 NC 代码所必需的。

2. 3D 曲面解释

① 扫掠曲面(2 曲线)

以一条断面线沿一条导引线产生一曲面,导引线的方向非常重要

② 扫掠曲面(3 曲线)

以第一条断面线沿一条导引线逐渐过渡到第二条断面线产生的曲面,三条曲线的方向均重要。否则不一定会扫掠成所希望的曲面。

③ 昆氏曲面(4 曲线)

任何首尾相连的四条空间曲线(可不在同一个平面内)均可构造此种曲面,方向不重要。

④ 昆氏曲面(3 曲线)

任何首尾先连的三条空间曲线(可不在同一个平面内)可构造此种曲面,曲面特性会因选取边界线的顺序不同有所差异,通常由选取的第一曲线顺第二曲线扫掠到第三选取的曲线。

⑤ 规则曲面(2 曲线)

将两条曲线以相同数目的点相连,如同扫掠曲面,二曲线的方向必须相同,否则产生扭曲曲面。锐角边缘有变形产生应避免。

⑥ 旋转曲面

以断面曲线所在的工作平面为基准,按一参考轴线旋转,要求先选断面曲线,再选旋转曲线及旋转角度,逆时钟为正。

⑦ 二曲面间倒圆角

用于两个相交曲面之间圆滑过渡,选择两曲面时在两曲面相交处的附近各选一点。输入圆角半径。注意刀具方向重要。

⑧ 三曲面间(角落)倒圆角

用于三个两两相交(不一定垂直)的平面的角落圆滑过渡,选择曲面的方法同两曲面倒圆角。刀具方向同样必须由里向外。

2.2.3 编程练习

练习内容:实现在 Alpha CAM 上实现由图纸到 NC 加工代码。

实例 1:计算机键盘上的键形状如图 2.7 所示,如欲采用铣床加工如图 2.6 所示的形状的工件,试采用 Alpha CAM 生成其 NC 加工程序。

实现过程:

(1)启动 Alpha CAM2001。

在 WIN2000 桌面,单击"开始",指向"程序",指向"Alpha CAM2001",再指向"Advanced 3D 3 – Axis Mill"并单击之,启动 Alpha CAM2001。

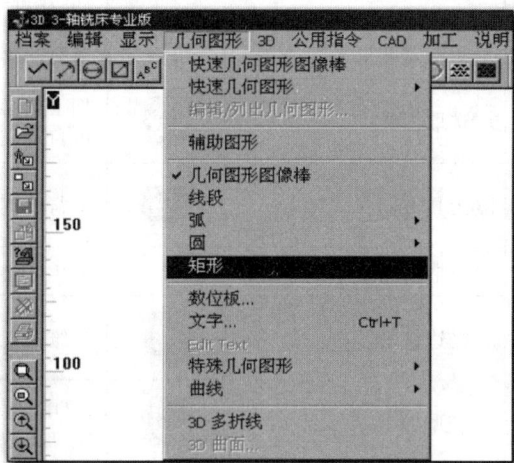

图 2.5 绘制矩形

(2)首先必须设定一个工作六面体,它是进行三维零件设计的工作空间,工作六面体尺寸要大于待加工零件尺寸。这样零件就能全部落在工作空间之内。

于是,单击"几何图形",指向并单击"矩形",图 2.7。提示输入矩形第一个角落的坐标,设定为(-20,-20),单击"OK",提示输入矩形的第二个角落坐标,图 2.6 依据工作六面体尺寸大于零件尺寸原则,设定为(20,20),单击"OK",画矩形完毕,按 ESC 中断画矩形操作。

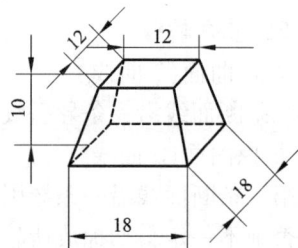

图 2.6 计算机键的零件图

图 2.7 矩形参数输入

矩形还只是一个平面图形,欲使之成为六面体,必须使之具有深度值,于是,单击"3D"

菜单，单击"设定工作六面体"，图 2.8，提示选择矩形，用鼠标点取刚画好的矩形，又提示顶部和底部 Z 值。图 2.9。

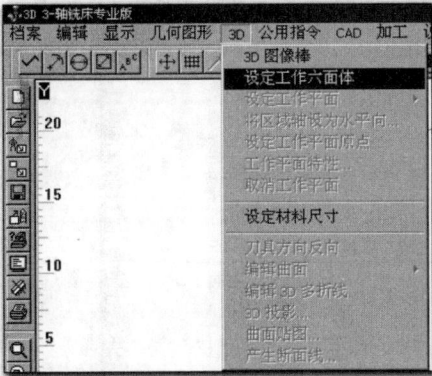

图 2.8　设定工作六面体

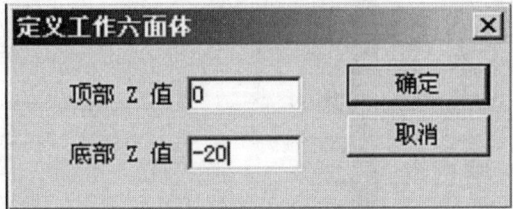

图 2.9　工作六面体参数输入

一般地，顶部 Z 值设定为 0，底部 Z 值应大于工件深度，设为 − 20，单击"OK"。

这样，工作六面体就设定好了，单击屏幕左下方的 3D 按钮图 2.9，屏幕分割为四个区，左上为工作六面体，右上为主视图，左下为左视图，右下为俯视图。图 2.11

图 2.10　3D 图标

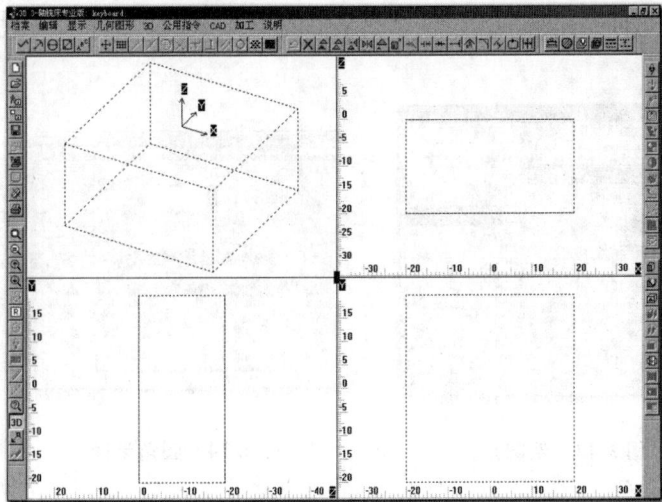

图 2.11　工作六面体

（3）接下来应该在工作六面体上绘制出工件的 3 维立体图形。

第一步，绘制顶部位于 XY 工作平面中央的矩形。

单击"几何图形"，单击"矩形"，第一个角落为(− 6， − 6)，第二个角落为(6,6)，完毕按 ESC 中断画矩形操作。

画底部矩形，第一个角落为(− 9， − 9)，第二个角落为(9,9)绘制完毕中断画矩形操作，见图 2.12。

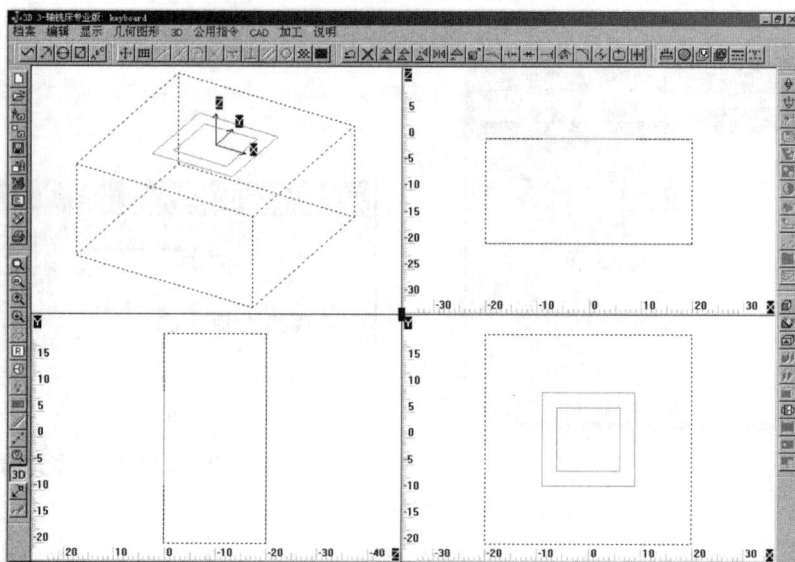

图 2.12　绘制零件矩形

两个矩形均需要倒圆角，单击倒圆角图标或菜单，输入圆角起始和结束半径均设为 2，鼠标框选两个矩形。显示两个倒了圆角的矩形，如图 2.13、图 2.14、图 2.15。

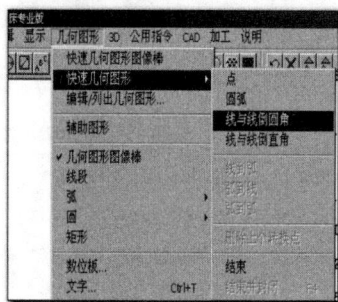

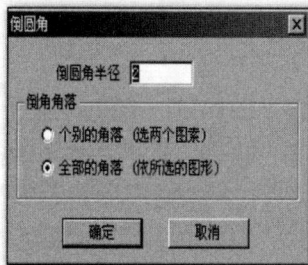

图 2.13　倒圆角　　　　　　　**图 2.14　圆角半径**　　　　　　　**图 2.15　确认倒圆角**

现在两个已经圆角的矩形均在上表面，应将属于底部的矩形下移 10mm，因为这是工件高度。

单击"设定工作平面 | 两条线段构成平面的 X、Y 轴"菜单，如图 2.16

选当前工作六面体右侧上、前两条直线作为 X、Y 轴，更改工作平面以后。单击"搬移"菜单，图 2.17，鼠标点取底部矩形后，提示输入参考点位置(0，0，0)，单击"OK"，再提示输入新位置(0，0，-10)，图 2.18，单击"OK"，于是可见到已经将底部矩形下移了 10mm，见图 2.19、图 2.20。

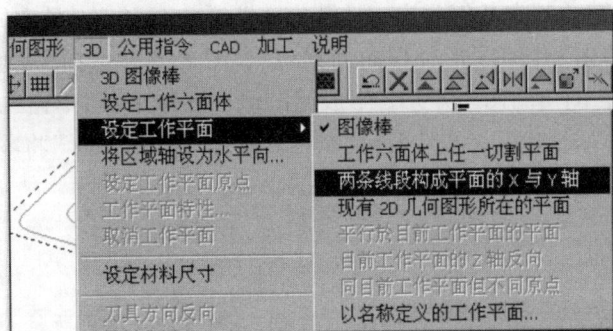

图 2.16 设定工作平面

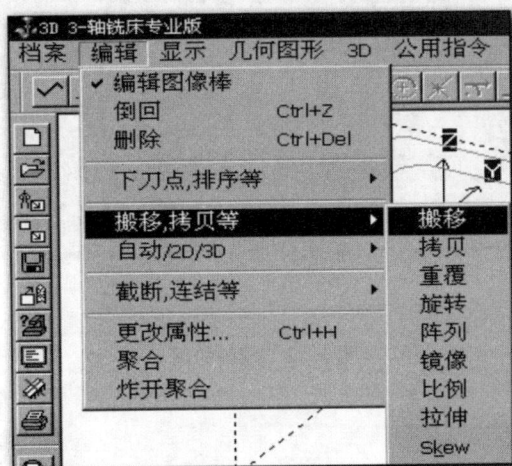

图 2.17 搬移

图 2.18 搬移基准

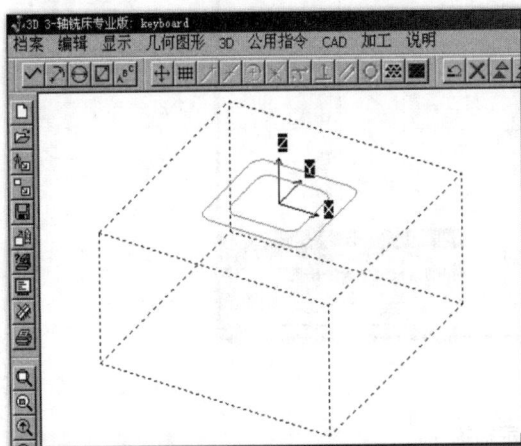

图 2.19 搬移前

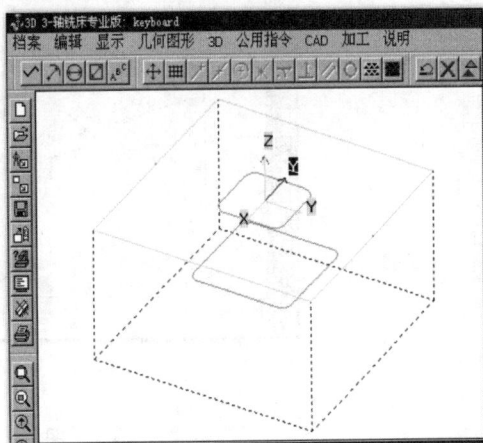

图 2.20 搬移后

　　现在已经作出了键的基本几何要素，但现在只是轮廓图形，不是实体，应将这些轮廓扫掠成 3D 曲面，于是单击"几何图形|3D 曲面菜单"，图 2.21，选择"规则曲面|2 曲线"，图 2.22，选择上下底面已倒角的两个矩形，生成键的侧面 3 维曲面；单击"几何图形|3D 曲面"菜单，选择扫掠曲面(2 曲线)，单击"确定"按钮，再选择"3D 涂彩"将零件线架图形转化为直观的面图形，见图 2.23、图 2.24、图 2.25、图 2.26。

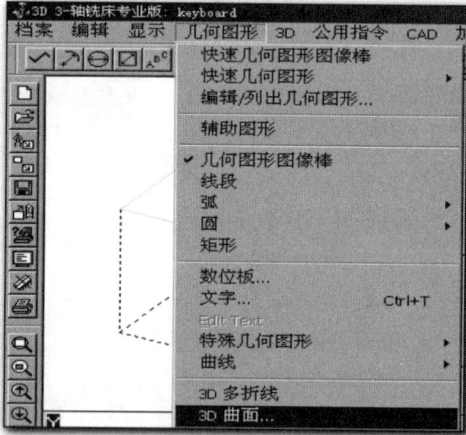

图 2.21　3D 曲面菜单

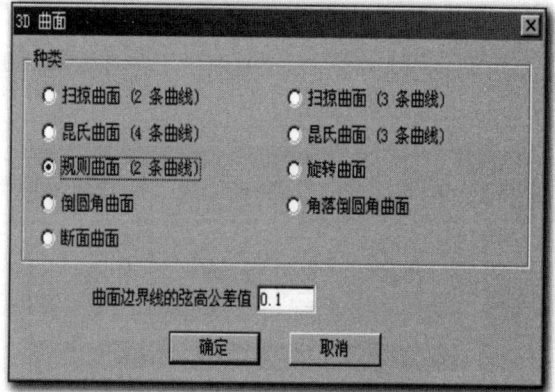

图 2.22　规则曲面

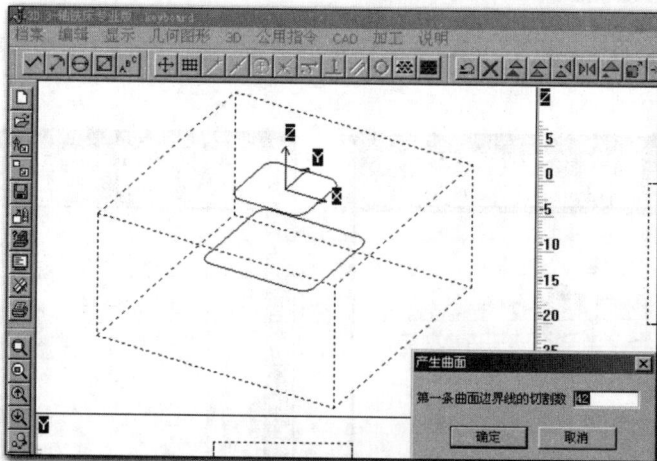

图 2.23　确定扫掠

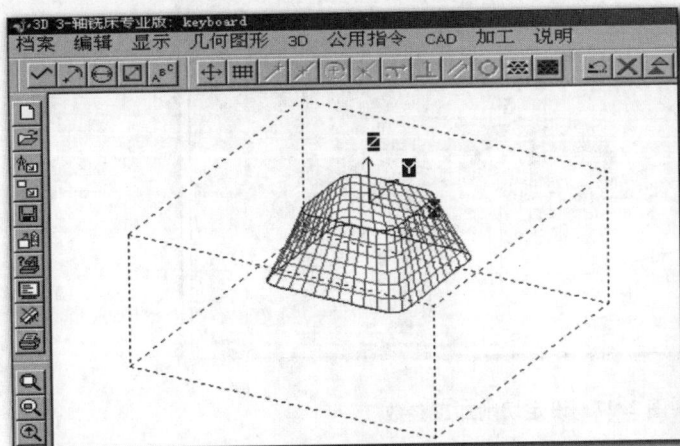

图 2.24 扫掠完成

图 2.25 快速涂彩图标

图 2.26 涂彩完成

顶面与侧面还要倒圆角，注意两曲面之间倒圆角一定要都是红色，可将鼠标置于立体视图区中单击右键，更改刀具方向，再选更改加工面，可实现红色与白色切换。再单击"几何图形|3D 曲面"菜单，选择二曲面之间倒圆角，再选顶面与侧面，给出倒角的起始半径和结束半径均为 2，于是绘图过程就完成了。再用"更改刀具方向"，将图形的颜色改为白色。

(4)设定切削加工参数，包括设定材料尺寸，设定材料，选择刀具，刀具方向，切削用量等等，见图 2.27。

按照前面表 2.2 中对菜单项的解释，分别选取各项菜单。设定材料尺寸即为设定毛坯的尺寸大小，因此也一定要大于工件尺寸，材料选择设为铝，刀具可选择直径为 4mm 的球刀。再选择 3D 曲面加工，安全高度设为 50，转速取 1000r/min，其余均按缺省值即可。

(5)实体模拟切削，检查以上步骤的正确性。

单击"显示|3D 模拟"实体模拟切削。"可模拟出实体加工过程。图 2.30。

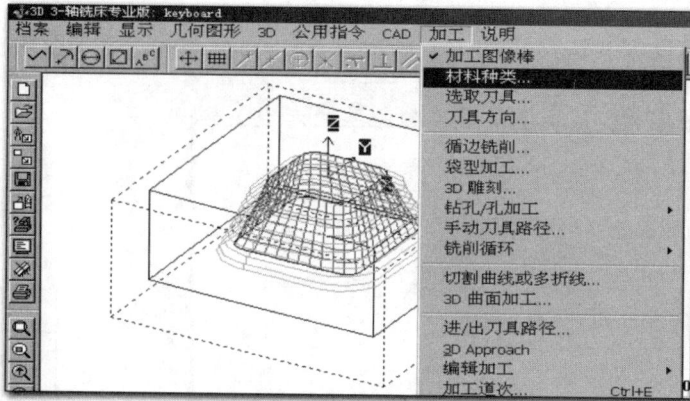

图 2.27　设定切削加工参数

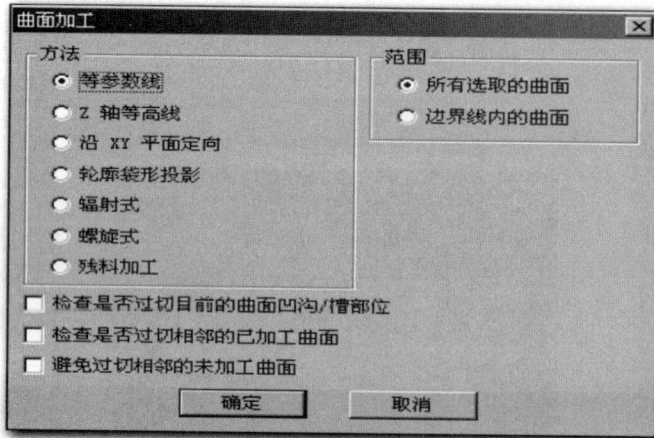

图 2.28　曲面加工方式

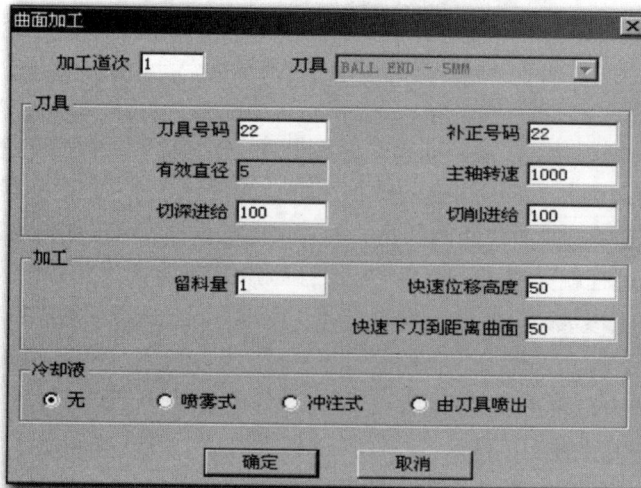

图 2.29　曲面加工参数(切削用量)

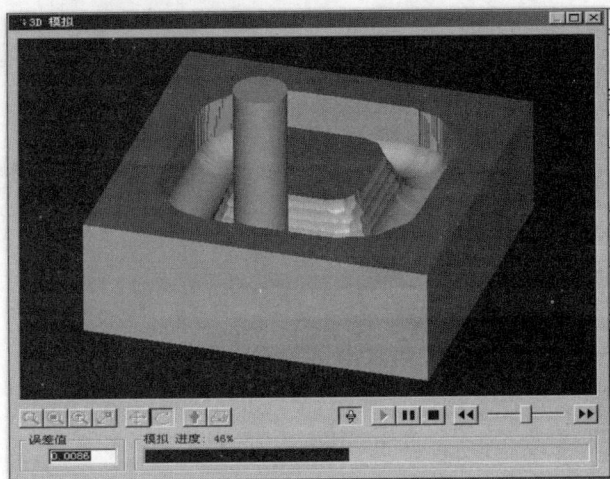

图 2.30 模拟切削

（6）选择后处理器，列出 NC 代码。

选择后处理器为"SKY"型，再选择"列出 NC 程式"，给出程序名为 O8888. CNC，再选择"列出全部"。

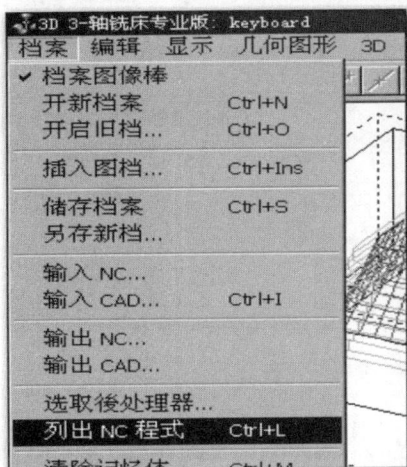

图 2.31 列出 NC 程式菜单

图 2.32 列出全部 NC 程式

（7）存盘退出。

赋名保存本次操作的几何图形并退出。

2.2.4　操作练习

练习内容：将图 2.6 所示的零件采用数控铣床加工出来。

步骤 1：听取示范讲解，熟悉机床操作界面。

步骤 2：拷贝已编好的 NC 程序。

步骤 3：调试刀具加工零点(对刀)。

步骤 4：空运行检查程序并修正错误。

步骤 5：装夹毛坯。

步骤 6：运行 NC 程序，加工出零件。

3 特种加工操作方法

3.1 电火花成形加工操作方法

3.1.1 MD21NC 系列电源柜的系统组成及技术特点

我们使用的电火花成形机床是 DMK7132C（HCD300K）精密数控电火花成形机床，可以对碳素钢、工具钢、合金钢、淬火钢、硬质合金及其他高硬度的金属材料进行放电加工，可加工冲压模、型腔模以及各种零件的坐标孔及复杂的异形曲面零件，还可以加工 0.1 mm 以上的小孔和 0.2 mm 以上窄缝。该机床与 MD21NC 电控柜配套使用，具有三轴数控功能。

1. 系统组成

电控柜是完成控制、加工操作的部分，是机床中枢神经系统，电控柜采用模块结构，其组成如图 3.1 所示。

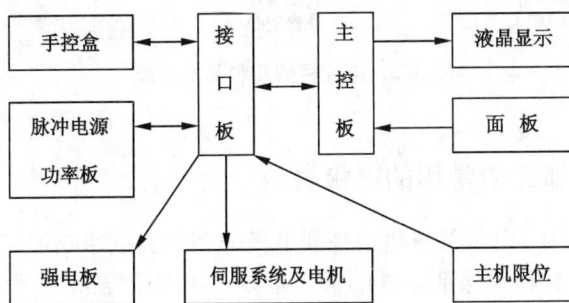

图 3.1 电控柜的系统组成

主控板 是电控柜的核心部分。用于完成脉冲电源波形的产生和控制伺服系统，调节加工状态等功能。

接口板 是主控板与各部件之间进行信息传递和交换的桥梁。

手控盒 集中了点动、停止、暂停、解除、油泵启动和停止等加工过程中使用频律高的键，并带有 X、Y、Z 轴坐标显示窗口。

脉冲电源功率板 进行功率放大，形成加工电流。

强电板 包括强电启、停，极性转换，精加工等接触器和高低压整流滤波元件，完成各自相应的功能。

液晶显示 是机床控制操作的人机交互界面。提供加工操作、控制的各级菜单，显示脉冲电源系统、伺服系统、机床主机、放电状态等各种信息及操作提示。按照此处界面提示，通过界面及手控盒即可完成机床操作。

面板　安装有键盘、启停按钮、液晶显示屏等，可完成各种数据的输入，实现机床的各项操作。

伺服系统　由主控板发出伺服指令，驱动该步进电机进行高速高精度定位操作。

2. 系统功能简介

MD21NC 脉冲电源的基本功能如图 3.2 所示。

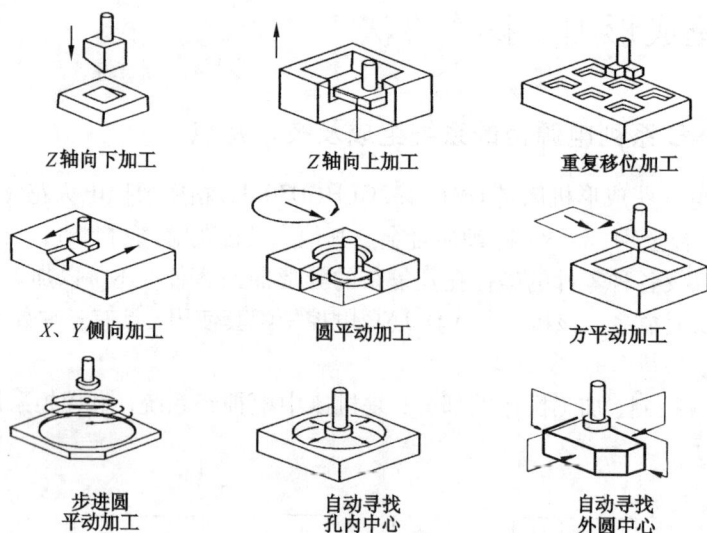

图 3.2　电控柜的几种基本功能

3.1.2　电火花成形加工中常用的电极材料

在电火花成形加工中，电极的材料选择和电极的制造直接影响加工质量。根据被加工工件的材料合理选择电极材料对保证零件的加工形状、加工精度和表面粗糙度是非常重要的。根据电火花加工的特点，选择电极材料时首先要求电极材料必须是导电性能良好，损耗小，造型容易，而且加工稳定、效率高，其次是材料来源丰富、价格便宜等特点。常用的电极材料有紫铜、石墨、黄铜、铜钨合金、钢和铸铁等。

1. 紫铜电极

紫铜电极加工稳定性好，相对电极损耗小，适应性广，尤其适用于制造精密花纹模。其缺点是精车困难，难以进行磨削加工。

2. 石墨电极

石墨电极适用于在大脉冲宽度大电流型腔加工中，电极损耗小于 0.5%，抗高温，变形小，制造容易，重量轻。缺点是：容易脱落、掉渣、加工表面粗糙度较差，加工时容易拉弧。

3. 黄铜电极

黄铜电极稳定性好、制造较容易，缺点是：损耗比一般电极大，被加工件不容易一次成形，一般用于简单的模具加工或通孔加工。

4. 铸铁电极

铸铁电极主要特点是：制造容易，价格低廉、放电加工稳定性较好，特别适合于复合式脉冲电源加工，电极损耗为20%以下，适合于加工冷冲模。

5. 钢电极

钢电极和铸铁电极相比，加工稳定性差，效率也低，但可把电极和冲头合为一体，可以一次成形，可缩短电极与冲头的制造工时。电极损耗与铸铁相似，适合于"钢打钢"冷冲模加工。

6. 钨合金与银钨合金电极

此类电极损耗小，机械加工成形也较容易，特别适用于工具钢、硬质合金等模具加工及特殊异形孔、槽的加工。加工稳定，在放电加工中是一种性能较好的材料。缺点：价格较贵，尤其是银钨合金电极。

3.1.3　基本操作

1. 开机

（1）合上电控柜右侧空气开关，拔出面板上红色蘑菇头急停按钮；

（2）按下面板上绿色启动按钮，总电源启动。稍等片刻液晶屏上出现系统操作主画面，进入主画面后，根据菜单选择操作。

2. 加工

开机后如果准备工作已完成，并已设置好各项加工参数，即可进行手动或程序加工，显示屏进入正常加工画面。

【安全注意事项】

（1）在加工过程中，严禁将手或身体其他部位触及卡头、电极、工件和导体的裸露部位，以防发生触电事故。

（2）安装工件时，当工作电流小于50A时，工件顶部离液面的高度应大于50 mm；如果工作电流增大，液面高度相应增加。

3. 关机

按下面板上的红色蘑菇头按钮，关闭总电源。

【注意】　两次开机间隔不得小于1min。

4. 手控盒及操作说明

进入主画面后，也可进行手控盒的操作，手控盒的面板如图3.3所示。

［油泵］　上油时，同时按［运行］和［油泵］键。停止时，同样操作。

［停止］　终止正在执行的加工指令。

［暂停］　暂停正在执行的加工指令，按［运行］键可恢复。

［解除］　解除当前指令或屏幕提示。

［接触感知］　按此键机床将在忽略接触感知状态下移动。主要用于找正工件和电极。当使用手控盒移动机床时，电极和工件相接触后，主画面报警显示"接触感知"，按［解除］键解除，然后用忽略接触感知的方法，即一手按住［接触感知］键，一手按住方向键使工件与电极脱开。

【注意】　人为忽略接触感知时，必须确认移动路线上没有障碍物，否则有可能撞伤电极和工件，或造成移动轴伺服过载故障，甚至损坏机床。

　　［X+］、［X-］、［Y+］、［Y-］、［Z+］、［Z-］，指定轴向移动方向。

　　［速度］　选择移动速度。

　　［运行］　输入指令开始执行或与［油泵］键配合控制油泵工作和停止；在暂停时用此键恢复运行。

　　手控盒上方为 X、Y、Z 轴坐标显示窗口，与屏幕主画面共同显示当前的坐标值。

3.1.4　MD21NC 系统运行操作

1. 屏幕显示简介

　　屏幕显示的主画面如图 3.4 所示，画面可分为五个区域，各区域的功能如下：

　　（1）左上区显示 X、Y、Z 三轴的当前坐标值。

　　（2）右上区为电压、电流表，显示加工时的电压、电流值。

　　（3）右边是加工状态显示区。显示油泵状态、指令方式等状态。

　　（4）下部为操作引导区，引导操作者进行各项操作。

　　（5）中部为程序编辑区，可进行全屏幕编辑。

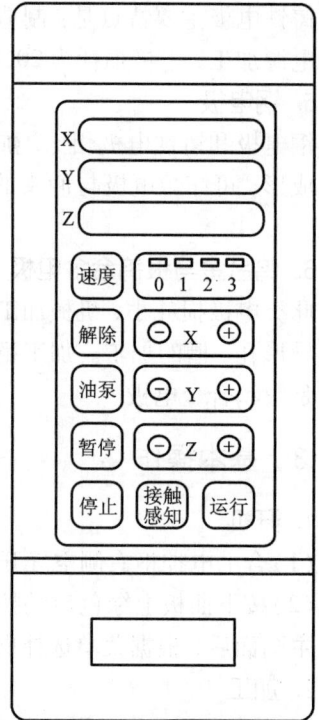

图 3.3　手控盒外形

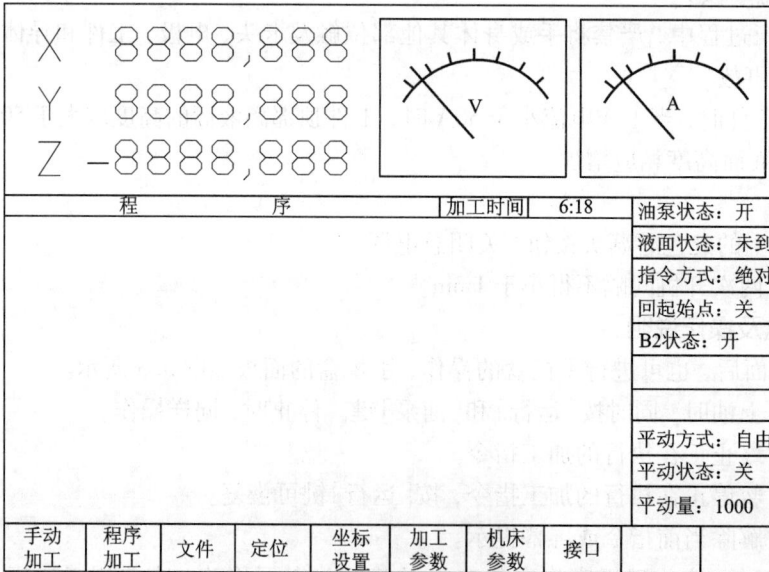

图 3.4　系统主画面

2. 系统操作说明

　　系统的操作引导区　引导操作者进行手动加工、程序加工、文件、定位、坐标设置、加工参数等操作。

（1）手动加工

在操作引导区中选择［手动加工］，根据画面引导选择所需加工轴（X 轴、Y 轴或 Z 轴）、终点坐标值或增量坐标值，按［运行］键即可开始加工。

（2）程序加工

指定加工程序后按［运行］键开始程序加工，若机内没有这个程序，画面则显示 ┃无效指令！按"确认"退出┃，此时按［确认］键退出。

（3）文件

进行新文件、打开文件、编辑、保存、删除等操作。

［新文件］　选择［编辑 H 码］、［编辑 C 参数］、［编辑程序］等各功能的编辑。

［打开文件］　用方向键移动光标，选择需打开的文件，选择好后按［确认］键将所选的文件打开。此时，操作画面进入加工状态，按［运行］键开始加工。若按打开文件按键时屏幕上显示："没有文件"，则按［确认］键退出。

［保存］　输入要保存的文件名后，按［确认］键保存后退出，如果输入的文件名已存在，根据提示，可决定是否覆盖原文件、保存后退出或解除后不保存退出。

［编辑］　进行编辑 H 码、编辑 C 参数和程序编辑等操作。

［删除］　用方向键移动光标，选择所要删除的文件，按［确认］键，则删除所选文件。

（4）定位

可进行各种定位功能操作，如：移动、M05 移动、感知定位、极限移动、半程、M05 半程、自动定位和火花定位等操作。

［移动］　进行 X 轴、Y 轴、Z 轴的定位移动选择。选择某一轴后，则出现"输入终点坐标"的画面提示，输入确定的坐标值后，按［确认］键，该选定轴即开始按输入的坐标值移动，移动到所确定的坐标值处停止。

［M05 移动］　画面提示同［移动］，其操作方法与［移动］基本相同。主要区别在于：［移动］具有接触感知功能，［M05 移动］没有接触感知功能。因此，在这种忽略接触感知的功能下进行移动操作时，要特别小心，确保在移动行程中没有障碍物，以防撞坏电极和工件。

［感知定位］　屏幕下方显示［Z−］、［Z＋］、［X−］、［X＋］、［Y−］、［Y＋］字样，在以上六个方向中选择一个，则选定轴开始按选定方向移动，当移动到感知位置时停止。

［极限移动］　其显示画面和操作方法同感知定位功能。所不同的是：当选定移动轴和移动方向则开始移动，一直移动到极限位置处。

［半程］　在画面中的 X 轴、Y 轴、Z 轴中选择某一轴，则该轴开始移动，一直移动到当前坐标值的一半处时停止。

［M05 半程］　其显示画面和操作方法与［移动］相似。即选择 X 轴、Y 轴、Z 轴中的某一轴，则该轴开始移动，一直移动到当前坐标值的一半处停止，同时，当前坐标值更新为原来值的一半。与半程功能的主要区别在于：［半程］具有接触感知功能，［M05 半程］没有接触感知功能。

［自动定位］　可进行孔中心、柱中心和角定位等三种自动定位选择，以选择［孔中心］自动定位为例：选择［孔中心］自动定位，屏幕出现［X—Y 平面］、［Y—Z 平面］和［Z—X 平面］的提示，若选择某一平面，如［X—Y 平面］，则出现选择轴方向的菜单：［X 轴方向］、［Y 轴方向］、［X、Y 轴方向］，其中 ［X 轴方向］、［Y 轴方向］表示在 X 或 Y 轴方向找中心，［X、

Y轴方向]表示在 X、Y 轴方向上都要找中心，选择其中一项，然后按提示输入"横轴移动量"或"纵轴移动量"。确认后，屏幕提示"输入感知回退值"，输入感知回退值，然后根据屏幕提示输入抬刀量值，再按[确认]键，机床即开始自动找孔中心。[柱中心]和[角定位]的定位操作与[孔中心]的操作基本相似。

在进行定位操作时应严格按照屏幕提示执行，一步步输入相应的确定数据后，按[确认]键即可顺序执行下去，直到完成所有操作。

[火花定位]　是一种带有小电流放电加工的定位方式。它有利于电极和工件的找正和定位，在实际加工中经常用到。使用方法如下：

按[火花定位]键，则出现显示画面 [Z−]、[Z+]、[X−]、[X+]、[Y−]、[Y+]，选择六个方向中的一个后则出现另一画面，如果各加工参数都已选择好，就可根据提示，按[运行]键开始火花定位。当电极快要接近工件时，即有小火花放电，此时可根据火花有无，来确定电极和工件是否平正。在进行工件和电极调平时，首先应确定电极卡头是否为绝缘卡头，以防卡头带电，造成触电事故！其次，可选择 IP 参数值来控制火花的大小，但火花不能太大，以防意外事故发生。

(5) 坐标设置

进行指令方式、X 轴坐标、Y 轴坐标、Z 轴坐标、三轴清零等操作。

[指令方式]　用以设置绝对坐标或增量坐标方式。选择指令方式时，可选择"绝对"或"增量"坐标中的一种。

[X、Y、Z 坐标]　选择 X 坐标、Y 坐标、Z 坐标中的一个坐标后，即出现"输入坐标值"的提示，输入一个坐标值后，按[确认]键，则屏幕显示的坐标值更新为新输入的值。

[三轴清零]　选择"三轴清零"功能，则当前显示的"X"、"Y"、"Z"坐标被同时清零，坐标值均变为"0000,000"。

(6) 加工参数

进行加工参数即"C 条件"的编辑。编辑完成后，按[保存]键可进行保存，否则关机后会丢失。利用[上页]、[下页]和[返回]键，可以查看所有加工参数。

(7) 机床参数

在此功能下设置了一些特性参数，主要包括最大行程、反向间隙和螺距补偿等，这些参数直接影响机床的正常运转和加工精度，机床出厂时已固定不允许使用者更改。

(8) 接口

该功能主要用于诊断机床状况及出厂前的系统调试，机床操作中不允许使用。

3.1.5　程序编辑

预先将加工工艺及加工条件按一定格式编制出程序，输入到系统中，这个过程叫编程。通过编程得到的程序，可以控制放电的各项参数和加工路径，从而实现自动加工。

1. 编程过程

(1) 分析零件图纸，编排工艺：首先对零件图纸进行分析，以明确加工的要求，选择合适的加工步骤和加工路径，选择合适的夹具和电极等。

(2) 数学处理：根据零件的几何尺寸，计算出电极的运动轨迹。

(3) 编制加工程序清单，制作控制程序。

2. 编程的基本概念

（1）指令：能够单独完成某种固定操作并且有一定格式的语句或词组。常用的指令有 G 指令、M 指令和 C 指令。

例：G00 ☐ X100

（2）程序段：由一些指令组成的能够完成一定功能的语句段，构成程序段。

（3）程序：能够完成一个完整的加工工艺过程的语句段的组合，即构成程序。每个程序必须有文件名，本系统可以存储 100 个文件，文件名规定为 F00：~ F99：，文件名中 F 代码后面的字符由用户定义。当后存储的文件与前面存储的文件同名时，则前面的文件将会被覆盖而丢失。

（4）子程序：程序分为主程序和子程序。有时在一个程序中同样的程序会反复出现多次，如果把这些相同的程序编成一个固定的程序，那么程序就简单了，这种固定的程序就叫做子程序。而能够调用子程序的程序称为主程序。调用或返回子程序用 M 指令代码，如：

M98   调用子程序

M99   子程序返回主程序

子程序嵌套层数最多不能超过 5 层。

（5）语句格式：

G 指令；G 代码 + 移动轴 + 符号 + 绝对值（或增量值）。

C 指令：C 代码 + 条件号。

3. 代码说明

本系统所用有关 G 指令（准备功能指令），M 指令（辅助功能指令）与国际上使用的标准基本一致。

表 3.1 G 指令和 M 指令代码表

代 码	功 能	代 码	功 能
G00	快 速 定 位	G92	设定坐标值
G01	直 线 插 补	G97	三坐标清零
G04	延 时	M02	程 序 结 束
G80	接 触 感 知	M04	回加工起始点
G82	半 程 移 动	M05	忽略接触感知
G90	绝 对 坐 标 系	M98	子程序调用
G91	增 量 坐 标 系	M99	子程序返回

（1）G 指令说明

① G00 快速定位指令 在不放电加工的情况下，使指定的某轴快速移动到指定位置。

例：G00 ☐ X50.

注：其中"☐"为空格；数值后加 . 单位为 mm，数值后不加 . 则单位为 μm。

② G01 直线插补命令　本系统的直线插补只能在坐标平面内加工平行于坐标轴的直线轮廓。

格式　　G01 □ X—　　　　　　　　例：G01 □ Z—1000

　　　　G01 □ Y—

　　　　G01 □ Z—

③ G04 延时指令

格式　　G04 □ T＊＊＊　　　　　　　　单位 μs

　　　　G04 □ T＊＊＊ ≡　　　　　　　单位 s

④ G80 接触感知指令　利用 G80 代码可以使电极按指定方向从当前位置移动到接触工件，然后感知 4 次，完成后停止。此操作用于精确定位。

格式　　G80 + 移动轴 + 移动方向

例：　　G80 □ Y -

⑤ G82 半程移动指令　G82 使机床沿指定坐标轴移动至当前显示坐标值的一半的位置。

格式　　G82 + 移动轴

例：　　G82 □ X

⑥ G92 设定坐标值　用于给当前坐标系赋以新的坐标值。

例：　　G92 □ X100. □ Y200.

即：将当前坐标系的坐标值赋成（100，200）

（2）M 指令说明

M02：程序结束；

M04：回加工起点（仅对当前程序段有效）；

M05：忽略接触感知；

M98：子程序调用，格式 M98 □ P×× □ L××；

其中 P 后面的数字为调用子程序号，范围为 0～99；L 指令后面的数字为循环调用次数，L 指令为可选项，循环调用次数为 1 时 L 可省略。

M99：子程序返回。

例：　G90	绝对坐标系
G92 □ X0 □ Y0 □ Z0	设定坐标植
M98 □ P1 □ L3	调用编号为 1 的子程序，循环调用次数为 3
M02	程序结束
N1	（赋移动坐标值前，加 N 代码，呼应 P 的序号）
G00 □ X30.	快速定位，将 X 轴移动至 30 mm 处
M99	子程序返回

（3）其他代码说明

在实际编程中，常常是 G 代码与 M 代码混合使用，为了编程简单，通常引入宏代码指令，即 H 代码。另外作为常用的电参数，如：ON、OFF、IP、SV、UP、DN、CN 等，统一定义在 C 代码所包含的参数中，只要事先定义好 C 代码，程序中只需直接调用即可。

4. 编程

（1）格式

G 代码指令大多数都有参数值，一般格式为：

G 代码 □ 参数　　　　　　　　　例：G00 □ X50

① 在一个语句中，如果既有 C 代码，又有 M 代码和 G 代码，规定：C 代码在前，M 代码在中，G 代码在后。即：C 代码 □ M 代码 □ G 代码。

② 在一个语句中，如果既有平动 LN，又有 C 代码和 G 代码，规定：C 代码在前，LN 在中，G 代码在后。即：C 代码 □ LN □ STEP □ G 代码，其中 LN 后面的 STEP 指明平动半径（幅度）。

③ H 代码中，等号前后都要留一个空格　即 H0 □ = □ × ×

例：　H0 □ = □ 500

此句意义为用 H0 代换 500，用宏代码可以提高编程或修改的效率。

【注意】　a. 编辑 H 代码只能在"编辑 H 码"功能中定义，不能在编辑程序中定义。

b. 在编辑程序时，只能引用已定义好的 H 码，即：先定义，后使用。

例如：有一加工程序除加工深度不同外，其他要求完全相同，这时只要将深度定义为宏代码。如果经常加工某几种技术条件相同，而加工深度和电极的缩小量不同的工件，我们就可以用宏代码来编程。今后加工这类工件就不用编程了，只需将程序装入内存，在编辑器中修改宏代码的值即可。

（2）编程方法

本系统采用填充式编程方法，操作简单、直观。具体步骤如下：

在主画面中进入文件编辑功能，即可编辑 C 代码、H 代码以及编辑程序。完成各种文件编辑的操作。当进入编辑 H 码子功能模块，即可看到主画面中出现 H0 = 0、H1 = 0、H2 = 0、H3 = 0、H4 = 0、H5 = 0、H6 = 0、H7 = 0、H8 = 0、H9 = 0，在该画面中，移动光标，根据光标提示输入数字字符，就能完成 H0 ~ H9 的宏代码编辑。如果修改或重新定义 H 码，则将光标移到其后面的字符，按"退格"或"删除字符"键，清除原定义的值，或直接在光标所指位置重新输入字符，即完成修改。

进入编辑 C 代码子功能，即可看到画面中出现如下字符：

N0　ON　OFF　IP　HP　SV　UP　DN　POL　V　C　CN

C0

C1

　·

　·

　·

C9

在此画面中，输入 C 代码所对应的各电参数值，即完成 C 代码的编辑。如果要修改或重新定义 C 代码,则将光标移到需修改的参数字符,按"退格"或"删除字符"清除所定义值,或直接在光标所指位置重新输入字符,即完成修改。

进入编辑程序子功能时,主画面下部菜单显示:退格、删除字符、删除行、上页、下页、返回、插入代码等内容。

[退格]　用以退格并清除光标之前的字符;

[删除字符]　用以删除光标之上不用或无效的字符;

[删除行]　进行整行删除;

[上页]　向上翻页;

[下页]　向下翻页;

[返回]　返回前页画面;

[插入代码]　用以插入程序中所需的 G 代码、M 代码、C 代码、H 代码、N 代码、X 代码、Y 代码、Z 代码、以及平动代码等。进入插入代码子功能模块,主画面中出现以上各种代码提示。只要在代码后输入字符,就能完成该代码的定义。

X(Y、Z)代码:赋移动坐标轴值前,必须加上 N 代码,作为子程序的标识,以呼应主程序的 P 的子程序序号。

平动码:进行平动加工时,该代码指明平动方式、平动轨迹及平动半径(幅度)。

3.1.6　加工条件及平动加工

1. 加工参数及选择方法

表 3.2　MD21NC 电控柜数控系统加工参数

序 号	参 数	功 能	范 围	序 号	参 数	功 能	范 围
1	ON	脉冲宽度	1～2048	7	DN	放电时间	0～9
2	OFF	脉冲间隙	1～2048	8	POL	放电极性	+、-
3	IP	峰值电流	0～31	9	V	低压控制	0～2
4	HP	高压控制	0～7	10	C	电容	0～15
5	SU	伺服基准	0～255	11	CN	波形控制	0～1
6	UP	上升距离	0～9	12	NO.	C 代码	00～99

(1)参数说明

① ON 和 OFF

ON 和 OFF 对加工的影响:ON 值增加,脉冲宽度增大,效率提高,电极损耗降低,表面粗糙度值变大;OFF 增加,脉冲间隙增大,效率降低,电极损耗增大,对表面粗糙度无明显影响。加工过程中应注意 ON 与 OFF 的匹配,如果加工不稳定或拉弧,则应增大 OFF 或减小 ON。

② IP 和 V

IP 是峰值电流 i_p 的投入选择,IP 的大小由系统确定,MD21NC - 105 系统为 0～31。峰

值电流 i_p 与 ON 组合起来就构成脉冲能量。系统的动作回路数由 IP 选择,回路多,i_p 的大,回路空载电流由 V 决定,V 大,i_p 也大,IP 和 V 共同决定 i_p 的大小。

ON、IP 和 V 用来决定单个脉冲能量,是决定加工表面粗糙度、电极损耗等加工结果的重要参数。放电能量与 IP、V 成正比,放电能量越大,加工后的表面坑越深,ON 时间越长,放电作用的时间越长,熔化的面积越大,形成表面粗糙度的每个坑也就越大。更重要的是,ON、IP、V 组合不当,可能会使电极表面粘贴着碳化物而形成电极损耗。

③ 基准电压 SU

SU 是电极与被加工工件之间的间隙电压基准值设定。选择范围为:0~225V,以电压值直接表示。设定了基准电压 SU,主轴就可以根据设定值进行自动调整前进和后退。当极间电压 V_0 高于 SU,电极就前进,低于 SV 电极就后退。SV 用于调整极间电压,始终保持间隙基本恒定。SV 越小,极间距离也就小,放电越快;SV 越大,极间距离越大,放电频率变低。当加工出现不稳定或拉弧现象时,增大 SV 将得以改善。

④ 定时抬刀 UP/DN

UP 和 DN 是定时抬刀周期设定,UP 表示抬刀上升距离,选择范围:0~9,参数设定越大,抬刀上升距离越大。DN 表示放电加工时间,选择范围:0~9,DN 值越大,放电时间越长。加工时使用定时抬刀有利于排屑,保持稳定的加工状态。

一般在粗加工时选用 UP:DN = 1:3

精加工时选用 UP:DN = 2:3 或 2:2

⑤ 高压控制 HP:

HP 为高压电压即高压功率管选择控制,它是在低压控制回路基础上,辅助以高压回路选择范围 0~7。HP = 0 时,无高压;HP = 1~7 时,投入高压管数依次递增。合理选择 HP,有利于提高加工速度。

⑥ 放电极性 POL:

POL 表示放电的正(+)、负(-)极性选择。通常讲的正、负极性是对工件而言,在工件上接正(+),工具电极上接负(-)称为正极性;反之称为负极性。在 C 代码中,各种材质组合的极性都有设定,若极性错误,容易造成电极损耗大、放电不稳定、效率降低等。一般超精加工和最后一组加工采用正极性,以获得较好的表面粗糙度。

⑦ 低压电压 U

U 分别选择 0、1、2 时对应空载电压依次为 60V、90V、120V。在 cu—st 加工时,一般 $U = 1$,即 $U = 90V$。

⑧ 电容 C

$C = 0~15$,并联在极间的电容,一般 $C = 1~6$,用于小孔,窄槽的精细加工。对于超硬合金加工。铜钨合金加工或用石墨电极加工钢件等有消耗加工,粗加工时 $C = 8~15$,精加工时 $C = 3~6$。应该特别注意的是:对于小于 10% 电极损耗的钢件的低损耗加工,必须设定 $C = 0$

⑨ 加工参数程序序号 N0(C 代码)

C 代码是经验加工条件,选择范围 0~99。用户可以根据自己的实际加工经验,随时调用和修改,并予以保存,以备调用。同时在加工中,也可随时调整屏幕显示栏中的 C 代码中的任意参数,以便稳定加工,获得良好的加工效果。

（2）加工参数选择与调整

系统中将一些加工条件存于"加工参数"内，可在加工时查阅、调用。厂方提供的加工条件仅供参考，最佳加工参数有待进一步摸索，总结。

① 加工条件（C 代码）选择的原则

按加工条件制定从粗加工到精加工的条件切换程序，这是进行加工操作及编程的要点。在 Cu—St 低损耗加工中，加工的表面粗糙度与单脉冲能量成正比，而脉冲能量主要由 IP 和 ON 决定。所以，根据加工要求，选择合适的 IP 和 ON 值是非常重要。

a. 一般当表面粗糙度提高一级时，加工速度将下降到原来的 1/5 以下。因此确定允许的表面粗糙度，是提高工效的有效方法。

b. 电极损耗为 10% 以下与 1% ~5% 的两种低损耗条件相比，其加工速度相差 3 倍。因此，在精加工的最后阶段，应牺牲电极损耗来缩短加工时间。

c. 在有底型腔模具加工中，通常使用定时抬刀（AJC）功能。从表面上看，采用 AJC 功能后在最好的加工状态下，加工速度通常降低了 30%，但由于在实际加工中难以均衡的进行液处理，而 AJC 功能可以保持稳定的放电状态，其最终结果还是提高了加工速度。

② 加工中的参数调整

在实际加工工件时，其加工形状、放电面积，液处理状态各不同，而且隋着加工的进行而变化，所以对于定好的加工条件，在观察的基础上，有必要对部分参数进行调整，通常需要调整的参数是：ON、OFF、UP、DN、SV、IP、V 等。

③ 起始和精加工条件的选择

从什么样的加工条件开始加工效率高呢？单纯希望以起始加工条件来缩短加工时间，就会选择过粗加工条件，这样就会出现以下现象：

a. 在电极表面由于过热而发生损伤；

b. 放电面积变得狭窄，即使牺牲了表面粗糙度想提高加工速度，也不能提高放电频率；

c. 加工表面过切量太大，规定的形状和尺寸已超过，无法精加工；

d. 表面太粗糙，在精加工时需要过多的时间，得不偿失。

IP 越高，加工速度越快，但隋加工速度的增加而使表面变粗糙，IP 大于 15 的粗加工切屑排出良好，但在狭窄的放电面积上，由于热影响，电极表面容易产生波纹，如不换电极，便不宜加工要求 Ra 小于 5 μm 以下的表面粗糙度的零件。

因此，选择起始加工条件，应和最终要求的表面粗糙度联系起来，统筹考虑，保证每次换参数时的进给量，正好能够去掉上次放电时形成的凹坑。在 cu—st 的加工中，为了使表面粗糙度达到最终的要求，建议每次将表面粗糙度降低 1/2，这是分段实现精加工的最快办法，例如：10 μm—5 μm—2.5 μm—1.25 μm。

2. 平动加工

（1）平动加工的作用及指令

平动加工指在单轴加工时，其他二轴进行特定轨迹合成动作的加工方式。基本要素有三个：

① 以某轴为基准，其他两轴进行平动，平动幅度 STEP，范围为 0 ~9999 μm；

② 平动轨迹：圆、方和 X 形；

③ 平动动作的伺服方式：自由平动，步进平动和锁定平动。

平动的主要作用是：修光表面和精确控制加工尺寸精度、利于排屑和对于精加工时因电极损耗而引起的加工偏差进行补偿。

平动的指令为：

LN　　＊　　　＊　　　STEP　　×××

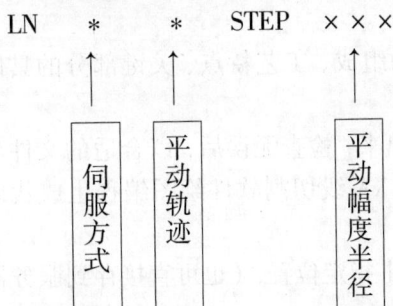

伺服方式表示方法为：自由1、步进2、锁定3。

平动轨迹表示方法为：圆1、方2、X形3。

（2）平动参数的设置

平动参数包括：平动方式、平动形式、平动量。从主画面中进入加工状态后，选择［平动参数］，然后在新出现的画面中选择［方式］，依次显示自由、步进、锁定三种平动方式，选定所需方式，按［确认］键即可。同样，选择［形状］，屏幕依次显示关、方、圆、X形等平动状态。选定所需形状，按［确认］键，即选定了形状。

选定平动量，屏幕显示平动幅度，根据工艺要求，输入平动量值，按［确认］键，屏幕中的加工状态区显示平动量值，这就表示平动的幅度已确定。

输入平动三要素后，返回加工主画面，按［运行］键就开始进行平动加工。在程序加工时也可在程序中事先编辑平动语句，插入平动码，定义平动平面、平动方式及平动半径（幅值）。这样，在程序加工中，就可以直接进行平动加工。

3.2　电火花数控线切割操作方法

3.2.1　概述

电火花数控线切割实习属于新技术新工艺实习，其内容涉及电火花线切割加工、数控加工、CAD/CAM局域网教学系统等多项新技术新工艺。之所以涉及如此多的新技术新工艺是由于电火花数控线切割机床采用了先进的计算机图形和数控技术，操作者只需要将切割路线绘制成图形，机床数控系统能够自动将所绘图形编译成控制代码，进行加工。切割路线图除了可以用机床自带的绘图软件绘制外，还可用通用绘图软件（如 Auto CAD、CAXA 电子图版、CAXA 线切割等）绘制。

实习时要求每个学生用通用绘图软件设计绘制一个切割路线图形，所设计的作品要求新颖有创意。设计与绘图过程在 CAD/CAM 局域网上进行，完成后再将所设计的图形通过网络传送给机床，用机床自动编程软件编程并将所设计的图形加工成作品（小工艺品）。通过实习，要求学生能够掌握电火花数控线切割机床的基本原理和工艺特点，了解机床的基本操作，掌握关键部分的具体操作方法；还需掌握用 Auto CAD（或 CAXA 线切割）软件进行图形设计、局域网上图形文件传送的技术要领和注意事项，同时还要求做到方法训练与培养创新意识、增加创新能力、启迪创新思维相结合。

3.2.2 工艺过程

在掌握了电火花数控线切割机床的基本原理、结构组成、工艺特点、关键部分的具体操作方法后，学生应独立完成：

(1)作品设计，将所设计的图形用 Auto CAD 绘制出来，检查无误后，以合适的文件名及特定的文件类型(dxf 类型)将文件保存下来，(或用 CAXA 线切割软件绘图编程生成代码文件)；

(2)通过网络，将保存好的图形文件复制到服务器上指定位置，(也可直接存到服务器上指定位置)；

(3)通过网络，将服务器上该图形文件复制到线切割机床计算机上，再在线切割机床上读取该文件，作进一步检查并调整好实际尺寸大小；

(4)对检查无误的图形文件进行自动编程并送控制台准备加工；

(5)当工作台上备好合适的板料后，进行线切割加工并得到所设计的产品(作品)；

(6)清洗及表面处理。

(7)封塑。

其工艺流程为：

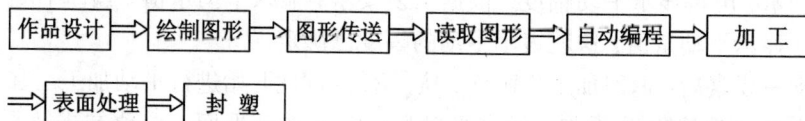

作品设计 ⟹ 绘制图形 ⟹ 图形传送 ⟹ 读取图形 ⟹ 自动编程 ⟹ 加 工

⟹ 表面处理 ⟹ 封 塑

3.2.3 图形设计注意事项

在 CAD/CAM 局域网内，使用 Auto CAD 绘图软件进行图形设计。下面几个问题非常关键。

1. 绘图之前必须先设置好绘图界线

有 Auto CAD 基础知识的人都知道绘图界线的含义，在这里绘图界线意义更重要。当我们打开 Auto CAD 时，相同大小的显示屏得到的绘图界线却不一定相同，可能绘图界线很大，如(420, 297)，也可能很小，如(12, 9)。而当机床读取图形文件时，其显示屏处于标准状态，其大小一定。如果用绘图界线为(420, 297)的图纸绘图，送入机床后可能整个图形超出机床显示屏而看不到。用绘图界线为(12, 9)的图纸绘图，传送到机床后会太小以致看不到或只看到一个小点。这样容易误认为传送不成功或出错。因此，必须统一规定绘图界线。除此之外，作品的实际大小必须加以控制，为减少因图形尺寸大小不合适而需要进行调整大小所带来的麻烦，也应当规定绘图界线。这里我们依据作品的实际大小以及机床显示屏标准状态下的大小规定了一个非标准的绘图界线，为(100, 80)。

设置绘图界线的方法：鼠标点"Format"(格式)→点"Drawing Limits"(绘图界线)，注意：左下角命令行出现"ON/OFF/ < Lower left corner > <0.000, 0.000 >："[即左下角坐标为(0, 0)]，回车(默认系统设置)；命令行再出现"Upper right corner < , > :"(右上角坐标)，

键入 100，80；回车[其含义为设置右上角坐标(100，80)]。此时绘图界线虽已设置好，但当前显示屏幕并未作出相应调整，必须再键入"Z"回车，"A"回车，此时，当前显示屏调整为所要求的参数值。

2.图形必须由一闭合回路组成

类似于一笔画图形。这是线切割加工工艺的基本要求。如图 3.5，图中有几处设有工艺回路(相互靠得很近的往复线段)。

3.图形是由若干段线段(直线、圆弧等)组成的，线段与线段相互连接处必须有准确无误的连接点

即线段与线段连接处不存在微观断点。有 Auto CAD 绘图基本知识的同学都知道：要使线段连接处不存在断点，绘图时必须使用"目标捕获"

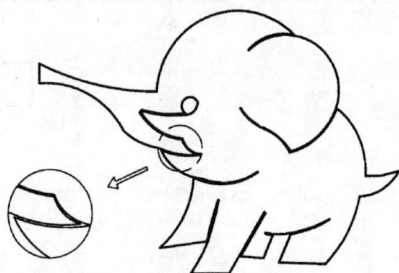

图 3.5

(Object Snap)命令。这一点其意义比单独用 Auto CAD 进行绘图之意义重要得多。但通过对学生实习过程观察一段时间后发现：总是有一些学生不会使用或忘记使用"目标捕获"命令，造成线段之间联接处存在微小的断点。即使断点非常微小，"自动编程"时也不能通过。必须返回来进行修改。为了减少这种麻烦，首先必须明白"目标捕获"的意义及使用方法；还必须知道怎么样查找图形中已经存在的断点并进行修改。查找断点的方法有：① 局部放大法。即各连接处多次局部放大直至用内眼可观察到；② 查看交叉标志法。给出某一绘图命令(如：直线命令)紧接着给予"交叉点捕获"命令，再移动鼠标到各连接点处，如果出现黄色的交点标志"×"，说明未断开。否则，即为断点。找到了断点，对其进行修改即可。

4.文件保存

用 Auto CAD 绘图后，必须将文件保存为"dxf"类型。这是因为机床数控系统能识别"dxf"类文件，不能识别用其他格式保存下来的 Auto CAD 图形文件。

存盘方法：

方法 1：图形作完后，鼠标点"文件"("File")→点"保存"("save")将弹出保存文件对话窗，将文件类型改为 dxf 类型，并确定好"保存地点"、"文件名"后，点击"保存"。

如：文件保存在 D 盘，文件名为当前日期加学号。

方法 2：在命令行键入"dxfout"回车，将出现"Creat DXF Flie"对话窗，完成窗口对话后，点击"保存"。

5.将图形文件保存到服务器内指定位置

方法 1：按上述存盘方法进行存盘操作，把存盘地点改为"网上邻居"→"Server"(服务器)→"user02"。

方法 2：复制前面已保存在 D 盘的图形文件，将其粘贴到"Server(服务器)内 user02"处。

3.2.4 机床数控系统的操作方法

实习时所使用的线切割机床其控制系统采用的是 CNC–10(A)系统，该系统所有的操作按钮、状态、图形显示全部在屏幕上实现。各种操作命令均可用鼠标轨迹球或相应的按键完成。现将各种屏幕控制功能介绍如下(参见图 3.6)。

窗口切换标志　　　　计时牌　　　电机状态　　高频状态　　　　间隙电压指示

SAMPLE《K》=1.0　　00：45：38　　　OFF　　OFF

YH
（显示窗口切换标志）

OPEN
（机床参数设置）

◄ 原点 ►

JOB SPEED/S

加工　暂停　复位

单段　检查　模拟

定位　读盘　回退

（显示窗口）

（当前程序段显示）
NO 0 ＊ □ □ □ ＋ － ← → ↑ ↓

图号 □　　坐标 X □ Y □ U □ V □　　效率 □ /M

局部放大　　　　图形显示调整　　　　功能按钮

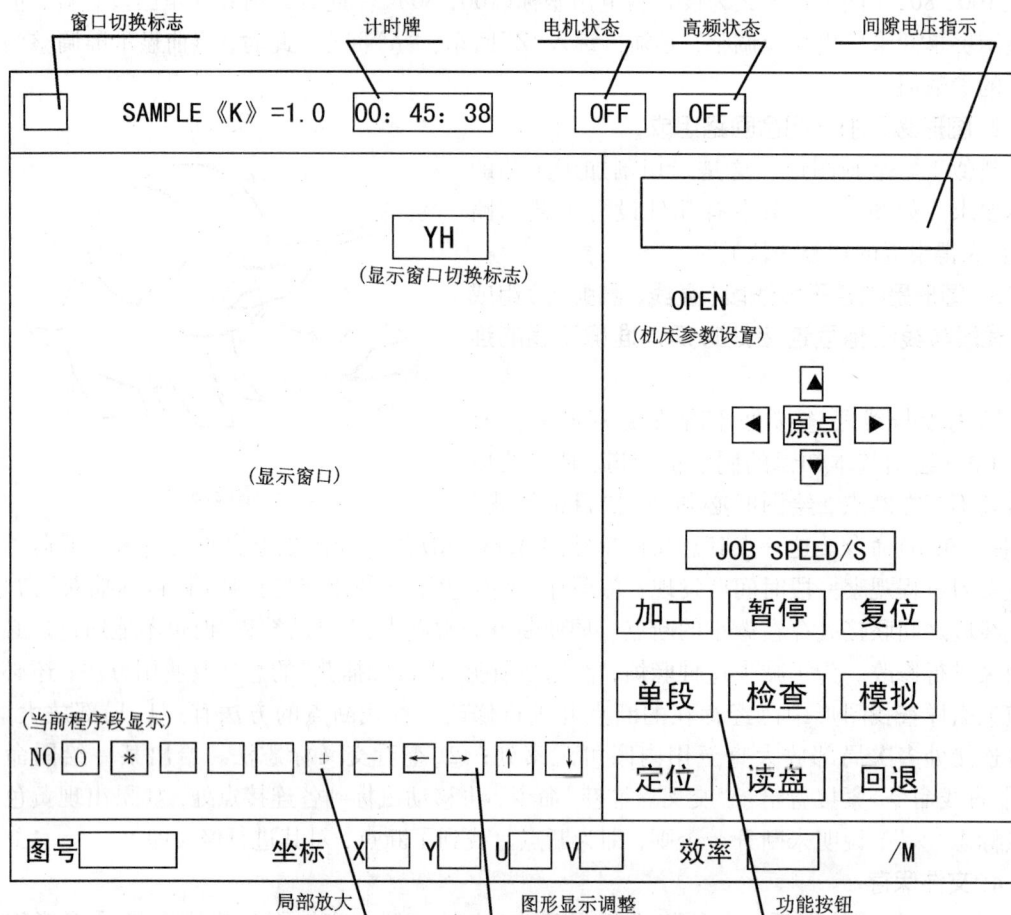

图 3.6　系统控制主屏

［显示窗口］——该窗口下显示：加工工件的图形轮廓、加工轨迹或相对坐标、加工代码。

［窗口切换］——用光标点取该标志（或按'ESC'键），可切换成绘图窗口。

［间隙电压指示］——显示放电间隙的平均电压波形。在波形显示方式下，指示器两边各有一条 10 等分线段，空载间隙电压定为 100％（即满幅值），等分线段下端的黄色线段指示间隙短路电压的位置。波形显示的上方有二个指示标志：短路回退标志"BACK"，该标志变红色，表示短路；短路率指示，表示间隙电压在设定短路值以下的百分比。

［电机开关状态］——电机开关状态标志 ON，表示电机通电锁定，OFF 表示电机状态为释放。用光标点取该标志可改变电机状态。

［高频开关状态］——高频脉冲开关状态标志 ON 表示高频脉冲电压开启，OFF 表示高频关闭。用光标点取该标志可改变高频状态。在高频开启状态下，间隙电压指示将显示间隙电压波形。

［拖板点动按钮］——屏幕右中部有上下左右向四个箭标按钮可用来控制机床点动运行。每次点动时，机床的运行步数可以予先设定。在电机为 ON 的状态下，点取以上四个按钮，

可控制机床拖板的点动运行；上下左右四个方向分别代置 + Y/ + V、- Y/ - V、- X/ - U、
+ X/ + U

　　[原点]——用光标点取该按钮(或按'I'键)进入回原点功能。若电机为 ON 状态，系统
将控制拖板和丝架回到加工起点(包括 U - V 坐标)，返回时取最短路径；若电机为 OFF 状
态，光标返回坐标系原点。

　　[加工]——进行自动加工按钮。按下[加工]钮(或'W'键)，系统自动打开高频和驱动
电源，开始插补加工。此时应注意屏幕上间隙电压指示器的间隙电压波形(平均波形)和加工
电流。若加工电流过小且不稳定，可用光标点取跟踪调节器的' + '按钮，加强跟踪效果。反
之，若频繁地出现短路等跟踪过快现象，可点取跟踪调节器的' - '按钮，直至加工电流、间
隙电压波形、加工速度平稳。加工状态下，屏幕下方显示当前插补的 X - Y，U - V 绝对坐标
值，显示窗口绘出加工工件的插补轨迹。

　　[暂停]——用光标点取该按钮(或按'P'键或数字小键盘区的'Del'键)，系统将中止当
前的功能(如加工、单段、控制、定位、回退)。

　　[复位]——用光标点取该按钮(或按'R'键)将中止当前的一切工作，消除数据和图形，
关闭高频和电机。

　　[单段]——用光标点取该按钮(或按'S'键)，系统自动打开电机、高频，进入插补工作
状态，加工至当前代码段结束时，自动停止运行，关闭高频。

　　[检查]——用光标点取该按钮(或按'T'键)，系统以插补方式运行一步，若电机处于
ON 状态，机床拖板将作相应的一步动作。

　　[模似]——用光标点取该按钮(或按'D'键)，系统以插补方式运行，显示窗口绘出其运
行轨迹；若电机为 ON 状态，机床拖板将随之动作。

　　模拟检查功能可检验代码及插补的正确性。在电机失电状态下(OFF 状态)，系统以每秒
2500 步的速度快速插补，在屏幕上显示其轨迹及坐标。若在电机锁定态(ON 状态)下，机床
空走插补，可检查机床控制联动的精度及正确性。

　　"模拟"操作的方法：(1)读入加工程序，(2)根据需要选择电机状态后，点击[模拟]钮
(或'D'键)，即进入模拟检查状态。

　　屏幕下方显示当前插补的 X - Y、U - V 坐标值(绝对坐标)，若需要观察相对坐标，可用
光标点取显示窗右上角的[YH](或'F10'键)，系统将以大号字体显示当前插补的相对坐标
值，显示窗口下方将显示当前插补代码及其段号。若需中止模拟过程，可按[暂停]钮。

　　[定位]——用光标点取该按钮(或按'C'键)，系统可作定位操作用于确定加工起点的位置。

　　"定位"操作方法：关闭高频脉冲，将电机状态标志设为'ON'，点击[OPEN]打开机床参
数窗选择好定位方式。(定位方式有：X_{min} 定位、X_{max} 定位、Y_{min} 定位、Y_{max} 定位、XOY 平面(中
心)定位等)。按[定位]钮(或'C'键)，系统将根据选定的方式自动进行。在电极丝遇到工
件某一端面时，屏幕会在相应位置显示一条亮线。按[暂停]钮可中止定位操作。

　　[读盘]——用光标点取该按钮(或按'L'键)，可读入数据盘上的 ISO 代码或 3B 文件，
快速画出图形。

　　[回退]——用光标点取该按钮(或按'B'键)，系统作回退运行，至当前段走完时停止；
若再按该键，继续前一段的回退。该功能不会自动开启电机和高频，可根据需要设置。

　　[跟踪调节器]——该调节器用来调节跟踪的速度和稳定性，调节器中间红色指针表示调

节量的大小；表针向左移动为跟踪加强(加速)，向右移动为跟踪减弱(减速)。指示表两侧有两个按钮，'＋'按钮(或'End'键)加速，'－'按钮(或'PgDn'键)减速；调节器上方英文字母 JOB SPEED/S 后面的数字量表示加工的瞬时速度。单位为：步数/秒。

[段号显示]——此处显示当前加工的代码段号，也可用光标点取该处，在弹出屏幕小键盘后，键入需要起割的段号。(注：锥度切割时，不能任意设置段号)

[局部观察窗]——该按钮(或 F1 键)可在显示窗口的左上方打开一局部窗外，其中将显示放大十倍的当前插补轨迹；再按该按钮时，局部窗关闭。

[图形显示调整按钮]——共有"＋"、"－"、"←"、"↑"、"→"、"↓"等 6 个按钮，利用上述按钮可对显示图形进行放大、缩小、上、下、左、右 等操作。

[坐标显示]——屏幕下方'坐标'部分显示 X、Y、U、V 的绝对坐标值。

[效率]——此处显示加工的效率，单位：毫米/秒；系统每加工完一条代码，即自动统计所用的时间，并求出效率。

[YH]——光标点取该标志或按"F10"键，可改变显示窗口的内容，其显示顺序依次为："相对坐标"、"加工代码"、"图形"……。

[计时牌]——系统在[加工]、[模拟]、[单段]工作时，自动打开计时牌。中止插补运行，计时自动停止。用光标点取计时牌，或按'O'键可将计时牌清'O'。

[OPEN]——系统参数设置窗，所有参数均由机床生产厂家设定，不能随便改动参数(定位除外)。

若系统处于加工、单段或模拟状态，则控制与编程的切换，或在 DOS 环境下(按 CTRL＋'Q'可返回 DOS 状态)的其他操作，均不影响控制系统本身的工作。

3.2.5　机床编程系统的操作方法

目前，先进的数控线切割机床都有计算机绘图及自动编程功能。自动编程系统使用线切割应用软件，应用最普遍的是"YH"软件。现以"YH"软件为例进行叙述。

1．编程系统的操作界面概述

启动计算机进入"YH"软件的编程屏，编程系统的全部操作集中在 20 个命令图标和 4 个弹出式菜单内。它们构成了系统的基本工作平台(见图 3.7)，系统的全部绘图和一部份最常用的编辑功能，用 20 个图标表示。其功能分别为(自上而下)：点、线、圆、切圆(线)、椭圆、抛物线、双曲线、渐开线、摆线、螺线、列表曲表、函数方程、齿轮、过渡圆、辅助圆、辅助线，共 16 种绘图控制图标；剪除、询问、清理、重画四个编程控制图标。常用的图标命令有：直线、圆、切圆(线)、椭圆、齿轮、过渡圆、辅助圆、辅助线等 8 种。剪除、询问、清理、重画 4 种编辑控制图标也是常用的。

4 个菜单分别为文件、编辑、编程和杂项。在每个菜单下，均可弹出一个子功能菜单。各菜单的功能见图 3.8。

在编程系统主屏幕上除了 20 个图标和四个菜单按钮外，下方还有一行提示行用来显示输入图号，比例系数、粒度和光标位置。

编程系统作图命令的选择，状态、窗口的切换全部用鼠标轨迹球来实现(鼠标左键为命令键，鼠标右键为调整键)，如需要选择某图标或按钮(菜单按钮、参数窗控制钮)，只要将光标移到相应位置轻按一下命令键，即可实现相应的操作。

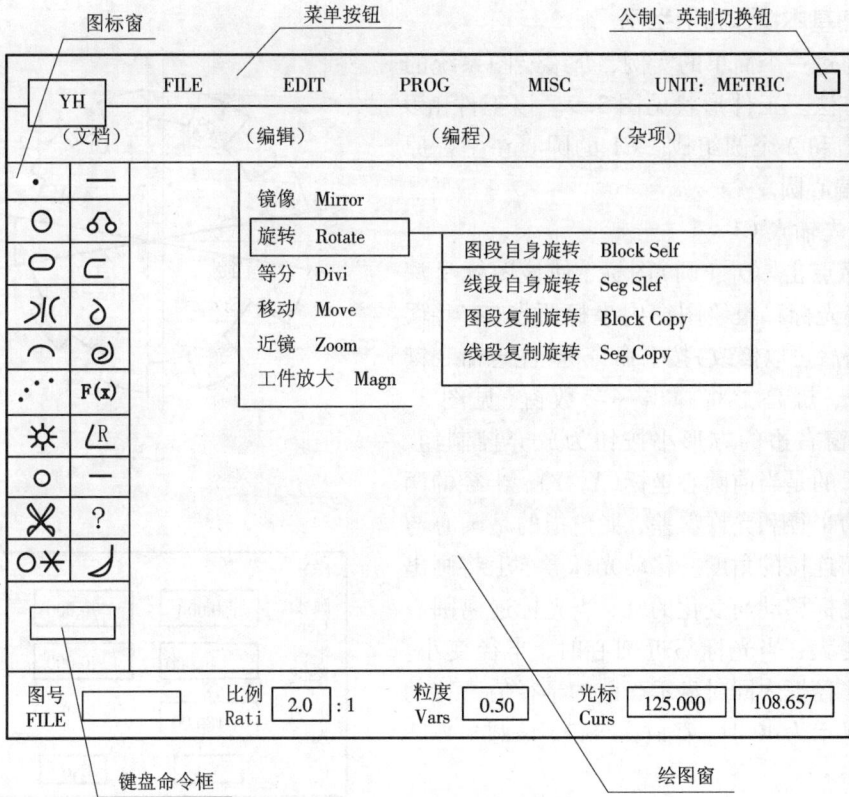

图 3.7 编程系统主屏幕

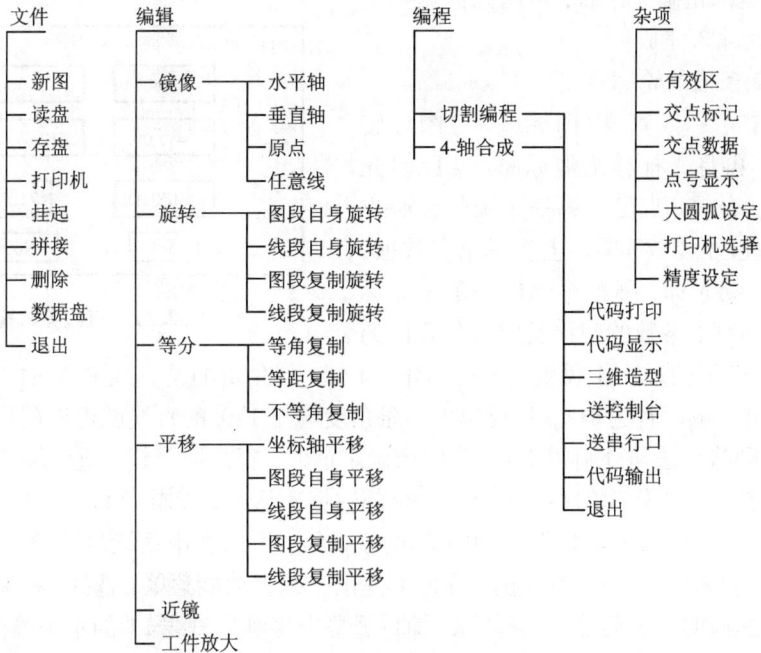

图 3.8 各级菜单功能

2. 绘图基本操作方法举例

下面通过一个简单的实例，介绍绘图系统的基本操作方法。工件形状见图 3.9。该工件由 9 个同形的槽和 2 个圆组成。C1 的圆心在坐标原点，C2 为偏心圆。

（1）首先输入 C1

将光标点击［○］（圆）图标，使该图标呈深色，然后将光标移至绘图窗内坐标原点（有些误差无妨，稍后可以修改）按下命令键（注意命令键不能释放），屏幕上将弹出一参数窗（见图 3. 10）。参数窗右边的方形小按钮为放弃控制钮。圆心栏显示的是当前圆心坐标（X，Y），半径的两个框分别为半径和允许误差，夹角指的是圆心与坐标原点间连接的角度。移动光标屏幕上将画出半径随着光标移动而变化的圆，当光标远离圆心时，半径变大；当光标靠近圆心时，半径变小。参数窗的半径框内同时显示当前的半径值。移动光标直至显示为 40 时，释放命令键，该圆参数就输入完毕。

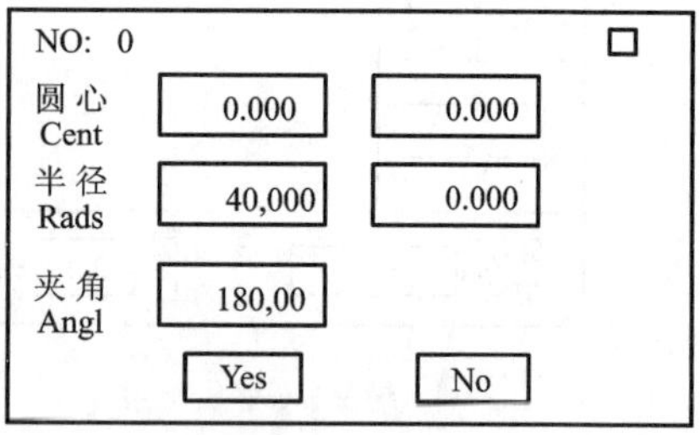

若由于移动位置不正确，参数有误，可将光标移至需要修改的数据框内，按一下命令键，进行修改。参数全部正确无误后，可用光标点一下［YES］，该圆就输入完成。

（2）输入 2 条槽的轮廓直线

用光标点击［－］（直线）图标（［－］图标转为深色背景），再将光标移至坐标原点，此时光标变成"X"状，表示此点已于第一个圆的圆心重合，按下命令键（不能放，屏幕上将弹出参数窗，见图 3.11），移动光标，屏幕将画出一条随光标移动而变化的直线，参数的变化反应在参数窗的

图 3.9

图 3. 10　圆参数窗

图 3. 11　直线参数窗

各对应框内。该例的直线 L1 关键尺寸是斜角 ＝170°（斜角指的是直线与 X 轴正方向的夹角，逆时针方向为正，顺时针为负），只要拉出一条角度等于 170°的直线就可以（注意：这里弦长应大于 55，否则将无法与外圆相交）。角度至确定值时，释放命令键，直线输入完成。同理，可用光标对需要进一步修改的参数作修改，全部数据确认后，点击［YES］退出。

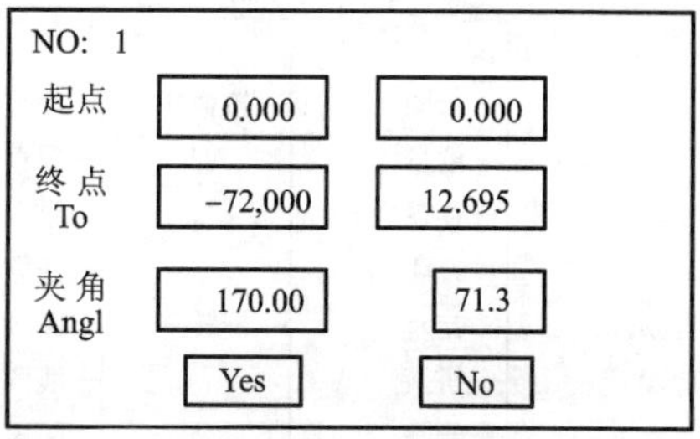

第二条直线槽边线 L2 是 L1 关于水平轴的镜像线，可以利用系统的镜像变换来作出，将光标移至［编辑］按钮，按一下命令键，屏幕上弹出一编辑功能菜单，选择［镜象］又将弹出有四种镜像变换选择的二级菜单。选择［水平轴］屏幕上将画出直线 L1 的水平镜像线 L2。

画出的这 2 条直线被圆分隔，圆内的二段直线是无效线段，因此可以先将其删出。将光标移至剪除图标，按命令键，图标窗的左下角将出现工具包图符。从图标内取出一把剪刀形

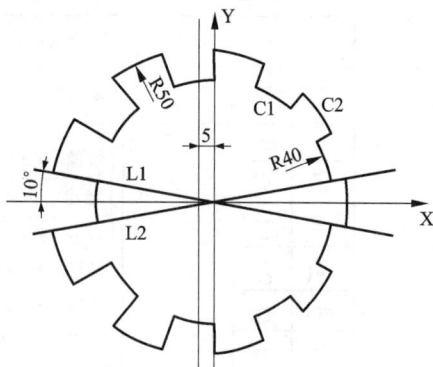

光标,移至需要删出的线段上。该线段变红,按下命令键,就可将该一段删去。删除二段直线后,由于屏幕显示的误差,图形上有遗留的痕迹,可能有些模糊。此时,可用光标选择重画图标,图标变深色,光标移入屏幕中,即重新清理屏幕。

(3)复制其它槽边

该工件其余的 8 条槽轮廓实际是第一条槽的等角复制,选择编辑菜单中的等分项,取等角复制,再选择图段(因为这时等分复制的不是一条线段)。光标将变成'田'形,屏幕的右上角出现提示[等分中心],意指需要确定等分中心。移动光标至坐标原点,即等分中心,按命令键。屏幕上弹出参数窗,用光标在[等分]和[份数]框内分别输入 9 和 9([等分]指在 360度的范围内,对图形进行几等分;[份数]指实际的图形上有几个等分)。参数确认无误后,按[认可]退出。屏幕的右上角将出现提示[等分体]。提示用户选定需等分处理的图段,将光标移到已画图形的任意处,光标变成手指形时,按命令键,屏幕上将自动画出其余的 8 条槽廓。

(4)输入偏心圆 C2

输入的方法同第一个圆 C1(注:若在等分处理前作 C2,屏幕上将复制出 9 个与 C2 同形的圆)。

(5)整理

图形全部输入完毕。但是屏幕上有不少无效的线段,对于二条圆弧的无效段,可以利用系统中提供的交替删除功能快速地删除。将剪刀形光标移至欲删去的任一圆弧段上,圆弧段变红,按调整键确认后再点击清理键或重画键,系统将按交替(一隔一)的方式自动删除圆周上的无效圆弧段。连续二次使用交替删除功能,可以删去二条圆弧上的无效圆弧段。余下的无效直线段,可以用清理图标[○*]功能解决。在此功能下,系统能自动将非闭合的线段一次性除去。光标在图标[○*]上轻点命令键,图标变色,把光标移入屏幕即可。(用清理图标时,所需要的图形一定要闭合。)

用[○*]清理后,屏幕上将显示完整的工件图形。

(6)存盘

如此图形以后还要用到,可将其存盘。方法:先将光标移至图号框内,按命令键,输入图号——不超过 8 个符号,以回车符结束。该图就以指定的图号自动存盘。

3. 编程操作方法

(1)准备图形

编程前屏幕上应有要求进行编程的图形。图形可以利用上例方法在绘图编程屏上直接画出,也可以通过读取已经保存下来的图形文件得到。读取图形文件的方法:在图 3.8 所示[文件]菜单下→选择[读盘]→出现文件类型选择,再依据所读文件的类型作出选择。(说明:"YH"软件只识别两种类型的图形文件。一种是用"YH"软件绘制的图形,另一种是用 Auto CAD 或 CAXA 电子图板等绘图软件绘制出来并已经转化为"dxf"类型的图形,前者在读盘时被称为[图形],后者在读盘时被称为[Auto CAD—dxf]。)图形文件所在盘名与[数据盘]所指定盘名应一致(这里[数据盘]是指图 3.8 所示[文件]菜单下[数据盘]),如:图形文件在 C 盘上,[数据盘]应指定为 C 盘,图形文件在 Z 盘上,[数据盘]应指定为 Z 盘,图形文件所在盘名与[数据盘]不一致时则需要修改[数据盘]名)。

实习时同学们设计的图形文件前面已保存为"dxf"类型的图形文件,且指定将其放到服务器硬盘 Z 盘 User02 文件夹内。

读盘时可直接选择［读盘］→选择 Auto CAD，→键入盘名（Z）与文件名，回车；
也可将图形文件复制到机床计算机指定地点（如 C 盘），再进行读盘操作。

（2）自动编程

用光标点击［编程］菜单，弹出两个子菜单，
选择［切割编程］点击，屏幕左下角出现工具包
图符，从工具包图符中可取出丝架状光标，屏幕
右上方显示"丝孔"，提示选择穿孔位置。位置
选定后，按下命令键，再移动光标（命令键不能
释放），拉出一条连线至切割的首条线段上（移
到交点处光标变成'X'形，在线段上为手指形），
释放命令键。该点处出现一指示牌'▼'，屏幕
上出现如图 3.12 所示加工参数设定窗。此时，
可对孔位及补偿量、平滑（尖角处过
渡圆半径）作相应的修改（代码为
ISO 代码）。［YES］认可后，参数窗
消失，出现如图 3.13 所示"路径选
择放大窗"。"路径选择放大窗"中的
红色标示牌处是起割点，左右线段是
工件图形上起割点处的左右各一线
段，分别在窗边用序号代表（C 表示
圆，L 表示直线，数字表示该线段作
出时的序号：0 − n）。窗中" ＋ "表示
放大，" － "表示缩小，根据需要用光
标每点一下就放大或缩小一次。选

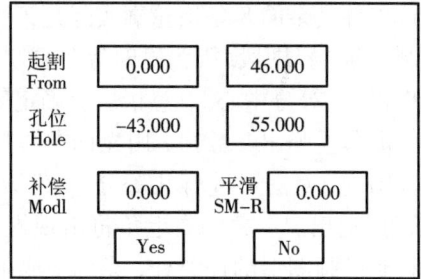

图 3.12　加工参数设定窗

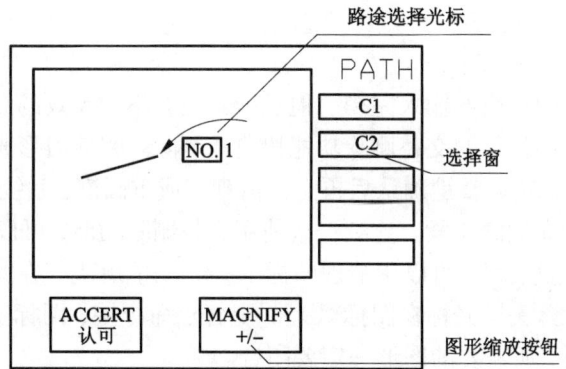

图 3.13　路途选择放大窗

择路径时，可直接用光标在序号上轻点命令键，变黑色，光标轻点"认可"即完成路径选择。
或当无法辨别序号表示哪一线段时，可用光标直接放在窗中图形的线段上，光标是手指形，
同时出现该线段的序号，轻点命令键，它所对应的线段的序号自动变黑色。

路径选定后光标轻点"认可"，"路径选择放大窗"即消失，同时火花沿着所选择的路径方
向进行模拟切割，到"OK"结束。如工件图形上有什么差错，火花自动停在差错路口处，出现
"路径选择放大窗"，同时选择正确的路径直至"OK"。系统自动把没切割的线段删除，成一
完整的闭合图形。

火花图符走遍全路径后，屏幕右上角出现［加工方向］、［锥度设定］、［旋转跳步］、［平
移跳步］和［特殊补偿］等五项加工参数设定子菜单，其中有：加工方向有左右向两个三角形，
分别代表逆/顺时针方向。红底黄色三角为系统自动判断方向。（特别注意：系统自动判断方
向一定要和模拟走丝的方向一致，否则得到的程序代码上所加的补偿量正负相反）若系统自
动判断方向与火花模拟切割的方向相反，可用命令键重新设定（将光标移到正确的方向位，
点一下命令键，使之成为红底黄色三角。这样得到的代码是正确的）。

若需加工有锥度的工件，则点击［锥度设定］的［ON］，将弹出锥度参数窗。参数窗中有

斜度、标度、基面三项参数输入框，分别输入相应的数据。

斜度：钼丝的倾斜角度，有正负方向。

标度：钼丝上下导轮中心间的距离。

基面：下导轮的中心到工件下平面间的距离。

参数输入后按[YES]退出，进行下一项设定。

若无其他参数需要设定，可按菜单右上角的小方块'☐'退出，并将丝架形光标直接放回屏幕左下角的工具包，完成编程。

退出切割编程阶段，系统即把生成的输出代码反编译成白色的直线和圆，并在屏幕上绘出对应线段。若编码无误，两种绘图的线段应重合(或错开补偿量)同时出现输入选择菜单。菜单中有[代码打印]、[代码显示]、[代码存盘]、[送控制台]、[三维造型]和[退出]等。

[代码显示]：在弹出的参数窗中显示自动生成的 ISO 代码，以便核对。

[送控制台]：光标按此功能，系统自动把当前编好程序的图形送入"控制系统"中，进行控制加工操作。同时编程系统自动把图形"挂起"保存。若控制系统正处于加工或模拟状态时，将出现提示"控制台忙"，重新选择。

[退出]：退出编程状态。若控制台忙，或其他原因不想将所编程序送控制台，可选择[退出]

到程序送入控制台为止，一个完整的编程过程结束。

(3)切割编程起始位置与切割路线的选择

切割编程起始位置与切割路线要合理选择。选择切割编程起始位置与切割路线应以工件装夹位置为依据，再考虑工件切割过程中刚性的变化以及工件内是否存在残余应力等。

图 3.14 是切割路线与工件刚性变化的实例。加工过程中，随着切割的进行，工件上需要切离的部分和夹持部分的连接也越来越少，工件刚度也大为降低，容易产生变形，影响加工精度。这种情形是比较普遍的，应采用合理的切割路线，使其得到改善。一般应将工件与其夹持部分相分割的路线，安排在切割总程序的末端，图 3.14(a)是不合理的切割路线，(b)是合理的切割路线。

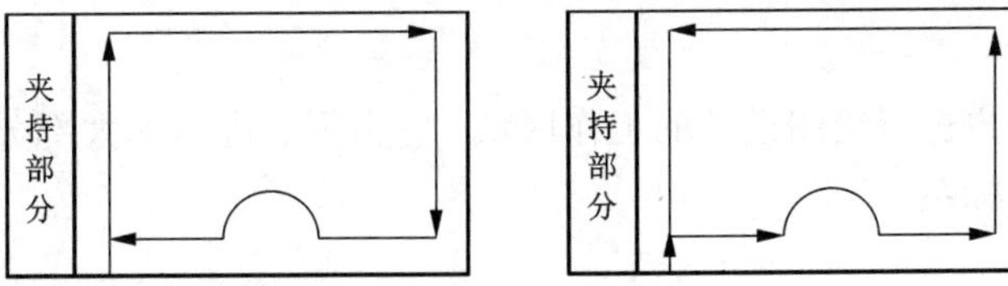

图 3.14 线切割加工路线示意

3.2.6 CAXA 线切割软件介绍

1. CAXA 线切割软件功能简介

CAXA 线切割软件是集 CAXA 电子图版与线切割自动编程于一身的 CAD/CAM 集成软件。其主要功能分 CAD 部分的功能和 CAM 部分的功能两大块。

（1）CAD 部分的功能特点

①图形绘制和编辑功能：点、直线、圆弧、样条线、等距线、椭圆、公式曲线等因素的绘制均采用"以人为本"智能化的设计方案，可根据不同的已知条件，而采用不同的绘图方式。例如在绘制直线功能上有两点线、平行线、角度线、角等分线和切线/法线五种方式。

图素编辑功能处处体现"所见即所得"的智能化设计思想，提供了裁剪、旋转、拉伸、阵列、过渡、粘贴功能等。

②支持实物扫描输入：CAXA 线切割支持 BMP、GIF、JPG、PNG、PCX 格式的图形矢量化，生成可进行加工编辑的轮廓图形，此功能解决了一些复杂图形的切割问题。一些难准确绘制图形的零件，可通过扫描仪输入，保存为 CAXA 线切割软件所能处理的图形文件格式，然后通过 CAXA 线切割位图矢量化功能对该图进行处理，转换为 CAD 模型，使复杂零件的线切割成为现实。

③文字切割：CAXA 线切割软件可以快速方便的将汉字、英文和一些常用特殊字符转换成切割路径，且提供了宋体、楷体、仿宋体等多种字体的切割。

④此外，CAXA 线切割软件还具有：数据接口丰富、特征点自动捕捉、参数化图库齐全、图纸管理系统完备等特点。

（2）CAM 部分的功能

①自动编程：CAXA 线切割软件可以根据机床要求设置不同格式的编程代码（3B 代码、4B 代码、G 代码）。自动编程快捷易学，机床参数设置方便灵活。

②轨迹仿真：系统通过轨迹仿真功能，可以模拟从起切到加工结束的全过程，能够很直观的检查程序的运行状况。

③代码反读：CAXA 线切割系统可以将生成的代码反读进来，生成加工轨迹图形，由此对代码的正确性进行检验。另外该功能可以对手工编写的程序进行反读，所以 CAXA 线切割软件的代码校核功能可以作为线切割手工编程模拟检验器来使用。

④程序传输：可以将计算机与机床直接联机，将程序发送至机床控制系统。

2. CAXA 线切割软件用户界面与绘图

"CAXA 线切割软件 XP"用户界面如图 3.15。它包括三大部分：绘图功能区、菜单系统和状态显示与提示。

（1）绘图功能区

绘图功能区为用户进行绘图设计的工作区域，它占据了屏幕的大部分面积。绘图区中央设置一个二维直角坐标系。

（2）菜单系统

"CAXA 线切割软件 XP"的菜单系统包括下拉菜单、图标菜单、立即菜单、工具菜单和工具栏五部分

下拉菜单　下拉菜单位于屏幕的顶部，主菜单包括文件、编辑、显示、幅面、绘制、查询、设置、工具、线切割加工和帮助，每个部分含有若干个子菜单。

图标菜单　图标菜单缺省时位于屏幕左侧上部，它包括基本曲线、高级曲线、工程标注、曲线编辑、块操作、图库、轨迹生成、代码生成、和代码传输/后置设置九个部分。每个菜单含有若干个命令项。

立即菜单　立即菜单是当功能命令项被选中时，在绘图区的左下角弹出的菜单，它描述了

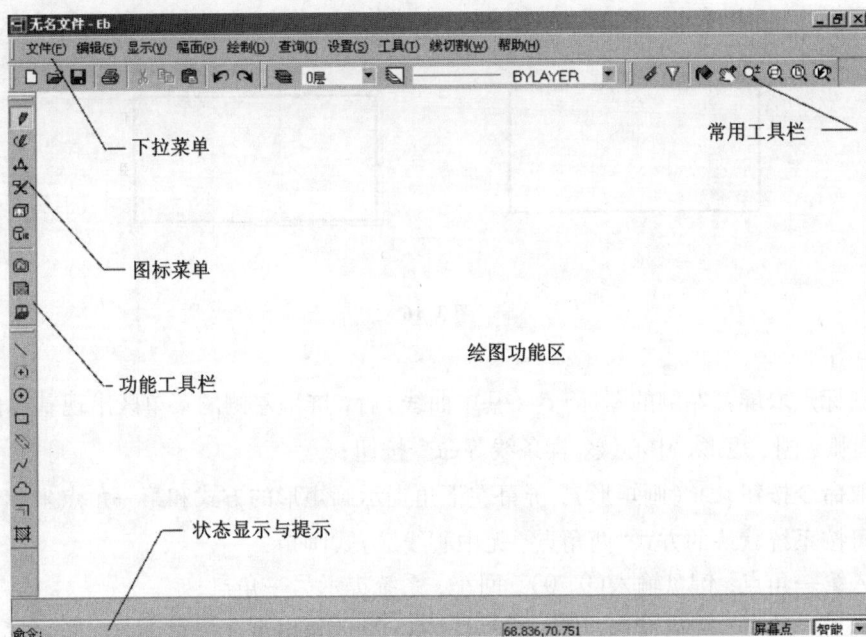

图 3.15

该项命令的各种情况和使用条件。用户根据当前的作图要求,正确选择某一项即可得到响应。如输入画直线的命令(从键盘输入"line"或用鼠标点击 ＼ 图标)时,系统立即在左下角弹出如下菜单及相应的操作提示:

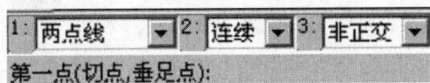

此菜单表示当前待画的直线为两点线方式,非正交的连续直线。同时下面的提示框显示提示"第一点(切点,垂足点):"。用户按要求输入起点后,系统会提示"第二点(切点,垂足点):"。立即菜单的主要作用是可以选择某一命令的不同功能。如上例,如果想画一条正交直线,可用鼠标点取"3:非正交"旁的按钮或利用快捷键(Alt+3)将其切换为"3:正交"。另外还可以鼠标点取"1:两点线"旁的按钮选择不同的画直线方式(平行线、角度线、曲线切线/法线、角等分线、水平/铅垂线)。

工具菜单 工具菜单包括工具点菜单和拾取元素菜单。

工具栏 工具栏包括常用工具栏和功能工具栏两部分。常用工具栏为下拉菜单中的一些常用命令,为了提高效率,将它们以图标的形式集中在一起组成了常用工具栏。功能工具栏对应于图标菜单的各项,选中不同的图标菜单,会显示不同的功能工具栏。

(3)状态显示与提示

屏幕下方为状态显示与提示框,显示当前坐标、当前命令以及对用户操作的提示等。它包括当前坐标显示、操作信息提示、工具菜单状态提示、点捕捉状态提示和命令与数据输入五项。

3. CAXA 线切割软件快速入门

以切割如图 3.16(a)所示矩形零件(尺寸 100×50)为例进行说明。

其主要操作过程：作图→生成加工轨迹→生成代码→代码传送与读取四个部分。

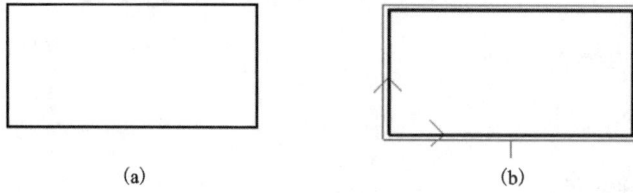

(a) (b)

图 3.16

(1) 作图

①用鼠标点取屏幕左侧的图标 ▉（基本曲线）后，屏幕左侧的菜单区出现基本的绘图命令直线、圆弧、圆、矩形、中心线、样条线等命令按钮；

②选取命令按钮 ▢（画矩形），屏幕左下角提示画矩形的方式和第一角点坐标位置。本例可按系统默认的方式"两角点、无中心线"方式画矩；。

③输入第一角点：键盘输入(0,0)，回车，系统提示另一角点；

④输入另一角点：键盘输入(100,50)，回车，矩形就出现在屏幕上，绘图完成，点击鼠标右键结束画矩形命令。此例也可以用画直线的方式绘出矩形。

(2) 生成加工轨迹

①用鼠标点取屏幕左侧的图标 ▉ 后，屏幕左侧的图标区出现轨迹生成、轨迹跳步等命令按钮；

②选取命令按钮 ▉（轨迹生成），系统弹出"线切割轨迹生成参数表"如图 3.17 所示的对话框。

③按实际需要填写相应的参数（也可以默认当前参数），并按"确定"。

参数填写说明：

"切入方式"是指穿丝点到加工起始段间电极丝的运动方式，系统提供了"直线切入"、"垂直切入"、和"指定点切入"三种切入方式。

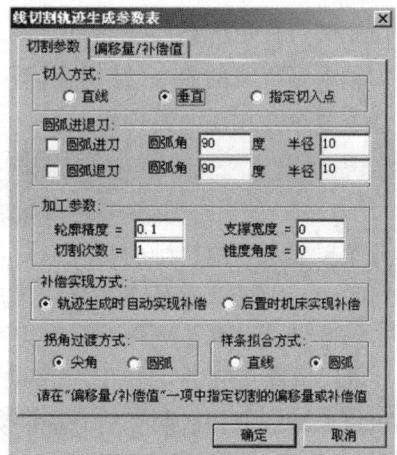

图 3.17

"加工参数"由"轮廓精度"、"支撑宽度"、"切割次数"、"锥度角度"四项组成。轮廓精度是针对由样条曲线组成的轮廓而设计的默认值 0.1 mm 是最大值。直线和圆弧的加工不存在轮廓精度问题；切割次数一般为一次；支撑宽度是针对多次切割时考虑的，一次切割时支撑宽度为零；锥度角度是用来设置进行锥度加工时电极丝倾斜的角度，一般零件无锥度要求，锥度角度设为零。

"补偿实现方式"是用来设置电极丝半径、放电间隙及加工预留量的补偿方式。系统提供了两种补偿方式，分别是"轨迹生成时自动实现补偿"和"后置时机床实现补偿"。

"拐角过度方式"是指切割过程中，当相邻两直线或圆弧连接处呈锐角时，系统提供了处理该锐角的两种方式，可根据需要选择"尖角过度"或"圆角过度"

"样条拟合方式"是指加工非圆曲线边界时，系统根据轮廓精度将曲线拆分为多段进行拟合。拟合方式有"直线拟合"和"圆弧拟合"两种，圆弧拟合生成的图形较光滑，一般选择圆弧拟合。

用鼠标点取"偏移量/补偿值"，根据电极丝的直径和放电间隙，在"偏移量/补偿值"参数项中输入偏移量，偏移量为电极丝半径与火花放电间隙之和。

④系统提示"拾取轮廓"，用鼠标点取矩形的底边；

⑤被拾取线变为红色虚线，并沿轮廓方向出现一对反向的绿色箭头，系统提示"请选择链搜索方向"（其含义为请用户选择确定切割路线的逆或顺时钟方向），用鼠标点击绿色箭头，即可确定方向；

⑥选择好切割方向后矩形的全部线条变为红色，且在轮廓的法线方向上出现了一对反向的绿色箭头，系统提示"选择切割的侧边或补偿方向"，若要求向外侧补偿，用鼠标点击指向矩形外侧的箭头；

⑦系统提示"输入穿丝点的位置"，键盘输入穿丝点，如（50，−5），也可用鼠标选择穿丝点。

⑧系统提示"输入退回点（回车则与穿丝点重合"，点击鼠标右键或回车，退出点与穿丝点重合，系统自动算出加工轨迹，屏幕上显示出绿色的加工轨迹线。见图 12b）

（3）生成代码

①用鼠标点取屏幕左侧的图标 ▓（代码生成）后，屏幕左侧的图标区出现生成 3B 代码、4B 代码等命令按钮；

②选择命令按钮 **3B**（生成 3B 代码）系统弹出一对话框，要求用户输入文件名；

③按需要选择好文件存储路径，并给新文件命名，确定；

④系统提示"拾取加工轨迹"，用鼠标点取绿色的加工轨迹，确定；

⑤屏幕上弹出一显示代码的窗口，其中内容为新生成的加工代码，关闭此窗口，代码生成结束。

（4）代码传送与读取

代码传送　生成的 3B 代码可传送至机床计算机内。其传送方法与前面提到的图形文件的传送方法相同。

代码读取　读取已传送至机床计算机内的 3B 代码的方法是：

①启动机床计算机进入控制系统主屏；

②用鼠标点取屏幕右下侧的"读盘"命令，出现"ISO"代码与"3B"代码选择小窗，选择"3B"代码点击后，机床计算机指定盘内的所有"3B"代码文件名将显示出来，选择想要读取的文件名，再点击选择窗口上的小方形按钮退出。

③系统自动将"3B"代码反译成图形显示在控制系统主屏上，同时所读的"3B"代码也译成了 G 代码（"ISO"代码）。在转译完成的代码内总有一句（程序段第二句）是多余的且机床不能执行的，由于该句的存在导致全部程序都不能执行，必须将其删除。

④删除程序段第二句的方法是：用鼠标点取屏幕右上角红色的"YH"图标两次后，屏幕上显示出"G"代码程序段，其中第二句为"CAXAWEDM − Version 2.0，name：×××.3B"

用鼠标点取该句后，再点击屏幕下部的"I"按钮删除，删除第二句后，再点击屏幕下部的

"Q"按钮退出。此时，程序可正常执行。可选择执行一次"模拟"，以检验程序运行情况。

3.2.7 CAXA 线切割软件操作实例

例 1 一般图形的绘制。

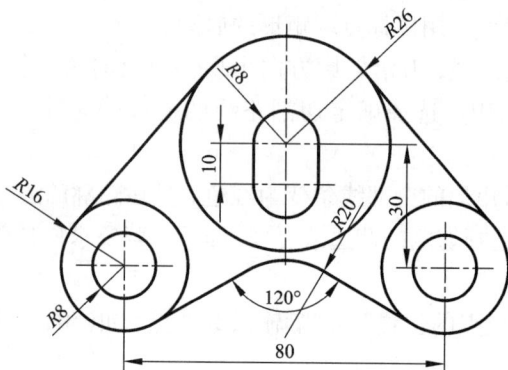

图 3.18

作图步骤：

（1）作圆

①选择"基本曲线 – 圆"，用"圆心 – 半径"方式作圆；

②输入（0，0）以确定圆心位置，再输入半径"8"作出一圆；

③不要结束命令，在系统仍提示"输入圆弧上一点或半径"输入"26"，作半径为 26 的圆，点右键结束命令；

④继续用如上的命令作圆，输入圆心点（ –40，–30），分别输入半径 8 和 16，作出另一组同心圆。

（2）作直线

①选择"基本曲线 – 直线"，选用"两点线"方式，系统提示输入"第一点（切点，垂足点）"位置；

②单击空格键激活特征点捕捉菜单，从中选择"切点"；

③然后在 $R16$ 的圆上适应的位置点击，此时移动鼠标可看到光标拖画出一条假想线，系统提示输入"第二点（切点，垂足点）"；

④再次单击空格键激活特征点捕捉菜单，从中选择"切点"；

⑤再在 R26 的圆的适应位置确定切点，便可方便的得到这两个圆的外公切线；

⑥选择"基本曲线 – 直线"，单击"两点线"标志，换成"角度线"方式；

⑦单击第二个参数后的下拉标志，在弹出和菜单中选择"X 轴夹角"；

⑧单击"角度 =45"，输入新的角度"30"；

⑨用前面用过的方法选择"切点"，在 R16 的圆的右下方适当的位置点击；

⑩拖画假想线至适当位置后，单击鼠标左键完成。

（3）作对称图形

①画对称轴，选择"基本曲线－直线"，单击"两点线"标志，换成"正交"方式；

②输入(0，0)，拖动鼠标画一条铅垂的直线；

③选择"曲线编辑－镜像"，用"选择轴线"、"拷贝"方式，此时系统提示拾取元素，分别点取刚生成的两条直线与图形左下方的半径为8和16的同心圆后，按鼠标右键确认；

④此时系统提示拾取轴线，拾取刚画出的铅垂直线，按右键确认后便可得到对称的图形。

（4）作长圆孔

①选择"曲线编辑－平移"，选用"给定偏移"、"拷贝"和"正交"方式；

②系统提示拾取元素，点取 $R8$ 的圆，按鼠标右键确认；

③系统提示" X 和 Y 方向偏移量或位置点"，输入(0，－10)，表示 X 轴向位移为0， Y 轴向位移为－10；

④用前面用到的作公切线的方法画出图中的两条竖直线。

（5）编辑图形

①选择橡皮头图标，系统提示拾取元素；

②点取铅垂线，确定后删除此线；

③选择"曲线编辑－过渡"，选用"圆角"和"裁剪"方式，输入"半径"值20；

④依次点取与 X 轴夹角为30°的斜线，得到要求的过渡圆；

⑤选择"曲线编辑－裁剪"，选用"快速裁剪"方式，系统提示"拾取要裁剪的曲线"；

⑥分别点取图中多余的线段，便可将其删除掉，完成图形。

例2　汉字切割。

用 CAXA 线切割软件切割汉字，比其他软件方便。

如想切割出一个"大"字，可以快速得到"大"字的切割路线图形。其步骤为：

（1）选择"高级曲线－文字"系统提示"指定标注文字区域的第一角"，选择完后，系统提示"指定标注文字区域的第二角"，确定完文字区域后立即弹出一个如图3.19所示对话框：

（2）点击"设置"按钮，会出现一个设置文字格式的对话框，在对话框中可以确定文字的字体、字高、书写方式、倾斜角度等，本例中设置为"仿宋体"、字高60 mm；

（3）输入要切割的汉字，点取"确定"后退出，文字将写到文字输入区域，如图3.20(a)。

（4）选择"曲线编辑－裁剪"，选用"快速裁剪"方式，删除掉交叉处多余的线段，即可得到如图3.20(b)所示的切割路线图形。

对于较复杂的文字，可将图形线段适当修改，使线段之间形成一闭合回路，以便一次编程完成切割。若不宜一次编程切割出来，可根据情况进行多次编程，在编程时可选择"轨迹跳步"将几次编程结果联系起来。

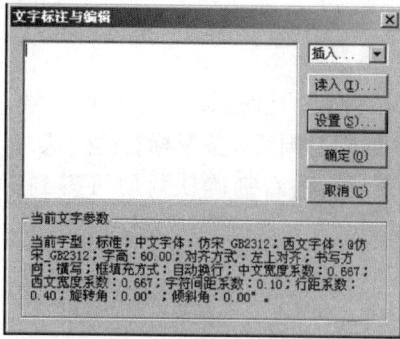

图 3.19

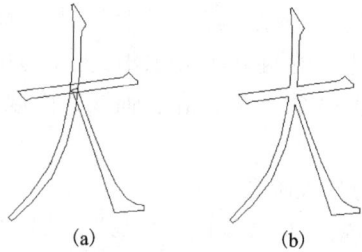

图 3.20

例 3　位图矢量化。

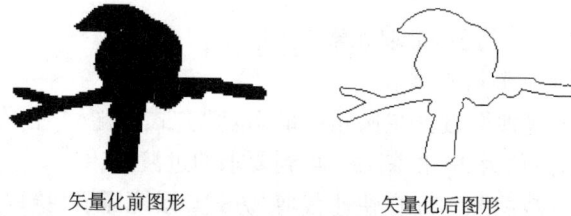

　　　矢量化前图形　　　　　　矢量化后图形

图 3.21

用 CAXA 线切割软件可快速将复杂图形转换成切割路线。CAXA 线切割 XP 软件能处理的图像文件可包括 BMP 文件、GIF 文件、JPG 文件、PNG 文件四种

操作步骤：

(1)点击"高级曲线"图标，再选择"位图矢量化" ● 命令点击；

(2)系统弹出一个选择图形文件对话框，选择需要进行矢量化的图形文件后，确定；

(3)此时屏幕上出现所选图形的黑白图案，在左下角的立即菜单中，选择"描暗色域边界"、"圆弧拟合"等如下所示；

(参数选择说明：第一项：当图案颜色较深而背景颜色较浅时，选择"描暗色域边界"，当图案颜色较浅而背景颜色较深时，选择"描亮色域边界"；第二项：矢量化处理后的图形可用直线或圆弧拟合，若选择"直线拟合"，整个边界图形由多段直线组成，若选择"圆弧拟合"，整个边界图形由圆弧和直线组成，两种拟合方式都能保证精度，圆弧拟合生成的图形比较光滑，线段少，由此生成的加工代码较少；第三项用于确定所生成的矢量化图的大小，确认后，系统将提示输入图形宽度，不改变大小时，可直线按右键确定；第四项用于选择拟合精度，分别为"精细"、"正常"、"较粗略"、"粗略"四种，可根据需要进行选择。)

(4)点击右键结束命令，确认所作选择；位图矢量化任务完成；(若屏幕上若看不到矢量后的图形，可运行一次"显示全部"，就能看到矢量化后的图形；

（5）矢量化后的轮廓为蓝色，和原始位图显示在一起。可将原始位图隐藏或清除。隐藏（或清除）位图的方法：在下拉菜单"绘制→高级曲线→位图矢量化→隐藏位图（清除位图）。

附图：

3.3 逆向工程操作方法

3.3.1 顺向工程与逆向工程

1. 顺向工程

传统的工业产品开发均是按照严谨的研究开发流程，从确定功能与规格的预期指标开始，构思产品的组件，然后进行各个组件的设计、制造以及检验，再经过组装、整机检验、性能测试等程序来完成。每个组件都有原始的设计图纸，目前已广泛使用 CAD 来设计图纸进行存档。每个组件的加工也有自己的工序图表，每个组件的尺寸合格与否用产品检验报告来记录。这些所记录的档案均属公司的智能财产。这种开发模式称为预定模式（presciriptive model），此类开发工程亦称为顺向工程（forward engineering）。对每个组件来说，其顺向工程的流程如图 3.22 所示。

规格确定 → 设 计 → 制 造 → 检 验

图 3.22　组件的顺向工程开发图

随着工业技术的进步以及经济的发展，任何通用性产品在消费者高质量要求之下，功能上的需求已不再是赢得市场竞争力的唯一条件。在近代高功能 CAD 软件的带动下，产品设计已受到高度重视，任何产品不仅是功能上要求先进，在产品外观上也需要做造型设计，以吸引消费者的注意力。此造型设计多指产品的外形美观化处理，此项工作对传统的机械工程师来说并不能胜任。一些具有美工背景的设计师可利用 CAD 的技巧构思出创新的美观外形，再以手工方式塑造出模型，如木模、石膏模、黏土模、蜡模、工程塑料模、玻璃纤维模等，然后再通过三维尺寸测量来建立出自由曲面模型的 CAD 图形文件。这个程序已有逆向工程的观念，但仍属顺向工程。此顺向工程中造型设计流程如图 3.23 所示。

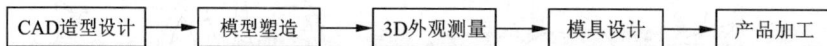

CAD造型设计 → 模型塑造 → 3D外观测量 → 模具设计 → 产品加工

图 3.23　顺向工程中的产品造型设计加工流程图

2. 逆向工程

逆向工程（reverse engineering，缩写为 RE，也称为反求工程、反向工程）其定义目前并没有统一。一种观点认为，逆向工程是实物（或样件）为依据的产品设计和制造过程，认为逆向工程是钟对一现有工件（样品或模型）利用 3D 数字化测量仪器准确、快速地将轮廓坐标测得，由测量数据构成三维 CAD 模型，传至一般的 CAD/CAM 系统，再由 CAM 产生刀具轨迹送至 CNC 加工机床制作所需模具，或者送到快速成型机将样品模型制作出来，如图 3-24 所示，此一流程称为逆向工种。另一种观点认为，逆向工程是指由实际的零件反求出其设计的概念和数据的过程。这种观点认为传统工程是将产品的概念或（CAD）模型转变为实际的零件，而逆向工程则是将实际的零件转变为产品的（CAD）模型或概念，这是现在被普遍认为的一种观点。

样品 → 3D轮廓测量 → 数据 → CAD曲面建构 → 外形修饰

模具加工 ← CAM产生NC文档 ←

产品复制 ← 模具成型 ← 快速成型 ← 逐层产生STL文档 ←

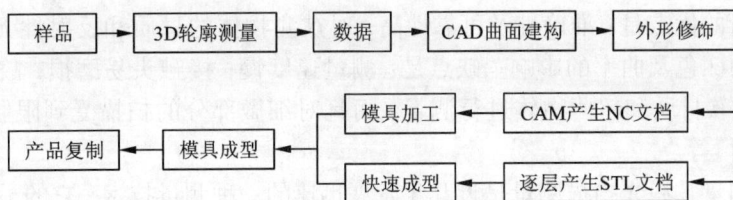

图3.24 逆向工程流程图

3.3.2 逆向工程的应用

逆向工程技术的应用非常广泛,主要有下列三个方面。

1. 产品仿制

往往一件拟制作的产品没有原始设计图文件,而是委托单位交付一样样品或模型,如木鞋模、高尔夫球头、请制作单位复制出来。传统的方法是用立体雕刻机或三维靠模铣床制作出1∶1成等比例的模具,再进行成批生产。这种方式属模拟式复制,无法建立工件尺寸图档,因而无法用现有的CAD软件对其修改、改进,已渐渐为新型的数字化逆向工程系统所取代。

2. 新产品的设计

随着工业技术的发展及经济环境的成长,消费者对产品的要求越来越高。为赢得市场竞争,不仅要求产品在功能上要先进,而且,在产品外观上也要美观。而在造型中针对产品外形的美观化设计已不是传统训练下的机械工程师所能胜任。一些具有美工背景的设计师们可利用CAD技术构想出创新的美观外形,再以手工方式制造出样件,如木材样件、石膏样件、黏土样件、橡胶样件、塑料样件、玻璃纤维样件等。然后再以三维尺寸测量的方式商量样件建立三维模型。

3. 旧产品的改进(改型)

在工业设计中,很多新产品的设计都是从对旧产品的改进开始。为了用常用的CAD软件对原设计进行改进,首先要有原有产品的CAD模型,然后在原产品的基础上进行改进设计。

单件、小批量和用户对产品各不相同的要求,也需要根据模型制作产品,例如,具有个人特征的太空服、头盔、假肢等。此外,在计算机图形和动画、工艺美术和医疗康复工种等领域,也经常需要根据实物快速建立三维模型,即需要用到逆向工程技术。

3.3.3 逆向工程数据采集与后处理

逆向工程的基本步骤:数据采集——快速准确的测量出实物零件或模型的三维轮廓坐标数据;后处理——根据三维轮廓坐标数据重构曲面,并建立完整、正确的CAD模型。

1. 数据采集

数据采集就是利用坐标测量得到逆向工程的数据。坐标测量技术与众多学科都有着重紧密的联系,如光学、机械、电子、计算机视觉、计算机图形学、图像处理、模式识别等。其应用领域极为广泛,它是实现逆向工程的基础。常用的三维数据测量方式可分为接触式的三坐标测量和非接触式激光扫描测量及逐层扫描测量等方式。

接触式三坐标测量 三坐标测量机是目前广泛采用的接触式测量方法。探头可分为硬式探头、触发式探头和模拟式探头等三种，可安装在 CNC 机床上，也可安装在专用的机台上。

接触式测量的优点是：准确性及可靠性高；对被测物体的材质和反射性无特殊要求，不受工件材质表面颜色及曲率的影响。缺点是：测量速度慢；接触头易磨损，故需经常校正探头直径；不能对软材质和超薄物体进行测量，而且对细微部分的扫描受到限制（当探头直径大于间隙宽度时）等。

激光扫描测量　　激光扫描测量是近几年发展迅速的一种测量技术，它的最大特点是扫描速度快，测得的点数据非常大可以充分表现零件的表面信息。此外，采用激光扫描测量方法扫描探头不直接接触零件表面，因而可测量高精密的软质、薄形零件；采用激光扫描测量方法不必做探头半径补正，很适合于测量大尺寸的具有复杂外部曲面的零件。

按每次发射的激光光源不同可将激光扫描器（机）分为点式激光扫描器、线状激光扫描器和区域式激光扫描器三种类型

激光扫描测量的缺点是易受工件表面反射特性（如颜色、曲率、粗糙度）的影响，易受环境光及杂质的影响因而杂讯（noise）较高，对边线处理、凹孔处理及不连续形状的处理较困难。

断层扫描测量　　断层扫描测量是一种新兴的测量技术，可同时对零件的表面和内部结构进行精确测量，不受测量体复杂程度的限制。与其他方法相比，所获得的数据密集、完整。典型的断层扫描方法有超声波（US：ultrasonography），工业 CT（industrial computer tomograph），MRI（magnetic resonance imaging 磁共振成像）等。

2. 后处理

以下介绍采用点式激光扫描机测得的点数据的后处理。

将测得的点数据进行曲线拟合、曲面拟合使之成为平滑的曲面模型的工作简称为后处理。是逆向工程的另一个核心技术。只有完成合适的曲线、曲面拟合重构曲面模型，才能实现对零件的分析和加工，此外将测量数据重构为曲面还可以消除由于测量带来的误差，使曲面较为平滑，以少量的控制顶点代替大量的点云数据，可节省存储空间，从而提高运算速度。

后处理软件主要有 Geomagic Studio 5、Surfacer 等，此外也可用 DigiSurf、Pro‐e、CAXA 制造工程师及 Soildworks 等软件做适当的修正与补充。

在后处理过程中，可对点、线、面的位置与形状进行修改，使所建构的 CAD 曲面能更好地满足设计意图。

完成后处理工作后，用 STL 格式保存文档后可转入快速原型制造出来，或用 STL、IGES 等格式保存文档后可转入 CAM 软件生成刀具路线进行数控加工，

3.3.4　三维激光扫描

逆向工程中，最重要的环节之一是如何精确测出数据点坐标值。我们在实习中用到的三维激光扫描机（又称激光抄数机）就是用于获取点资料（数据）的设备。

1. 激光扫描机简介

实习中使用 LSH400 型激光扫描机（见图 3.25）属于非接触式四轴 CNC 激光扫描系统，由以下几个部分组成：CCD（charge coupled device）激光扫描探头、四轴 CNC 电动床台、控制器（LSC）、电脑、影像撷取卡、扫描软件（Scan3Dnow）。

CCD 探头是一种数组式光电耦合检像器，称为"电荷耦合器件"，在摄取图像时，有类似

传统相机底片的感光作用。

图像摄取是利用摄像机(CCD camera)将视频信号转换成模拟信号，经过信号线的传输送到插在计算机上的图像处理卡上，图像卡会把模拟信号转换成数字信号，并存储于图像卡的内存中。将摄像机所摄取的图像按像素作图像处理，便可将图像转换成三维轮廓图像。

四轴 CNC 电动床台中"四轴"是指扫描探头可作"X"、"Y"、"Z"三轴移动，同时，工作台转盘和转盘上的样品可沿"Z"轴旋转。四轴 CNC 电动床台是指上述四轴能够以数控方式自动移动或旋转。

激光扫描机主要应用于以下几个方面：

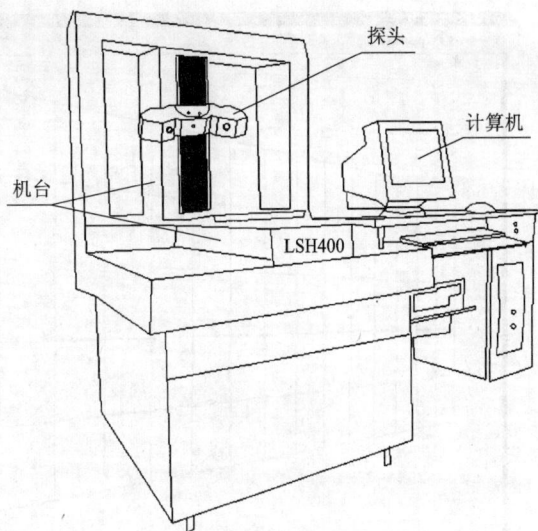

图 3.25 激光扫描机简图

(1)模具样品开发：汽车类、家电制品、运动器材、玩具、陶瓷、玻璃器皿等。

(2)快速原型制作：古董、人像、艺术品、卡通人物。

(3)人体形状量测：人体外形量测、医疗器材制作。

(4)造型设计：立体动画、多媒体虚拟实境、广告动画。

2.扫描控制软件"Scan3DNow"操作界面介绍

点开"Scan3DNow"软件，可见到如图 3.26 所示的主画面

(1)画面左上角"Live image"和"Curve image"分别表示显示动态影像和静态影像。

(2)左下角"Scanning mode"为扫描方式选择，当选择"Planar Scan"表示以平面方式扫描，选择"Rotation Scan"表示以旋转方式扫描。

(3)在扫描方式选择的右边"Scan Rgn"区为设定各轴扫描范围区域。

(4)图标"SCAN"和"STOP"分别表示扫描开始与停止。

(5)右下角"Now Still"为动态影像开关。图标 ▦ 为系统版本及版权宣言。

(6)右侧为系统主控区，共分"Table Control"、"Camera & Laser Control"和"System Parameters"三页

①"Table Control"扫描平台各轴控制：见图 3.26 右侧，其含意见表 3.3。

②"Camera & Laser Control"相对参数与激光强度控制：见图 3.27，其含意见表 3.4。

③"System Parameters"系统重要参数设定：分为两个子项，第一项是设定激光影像分析灵敏度参数，数值越大越能抵抗不良讯号进入。见图 3.28。第二子项是设定激光扫描曲线平滑化参数。(略)

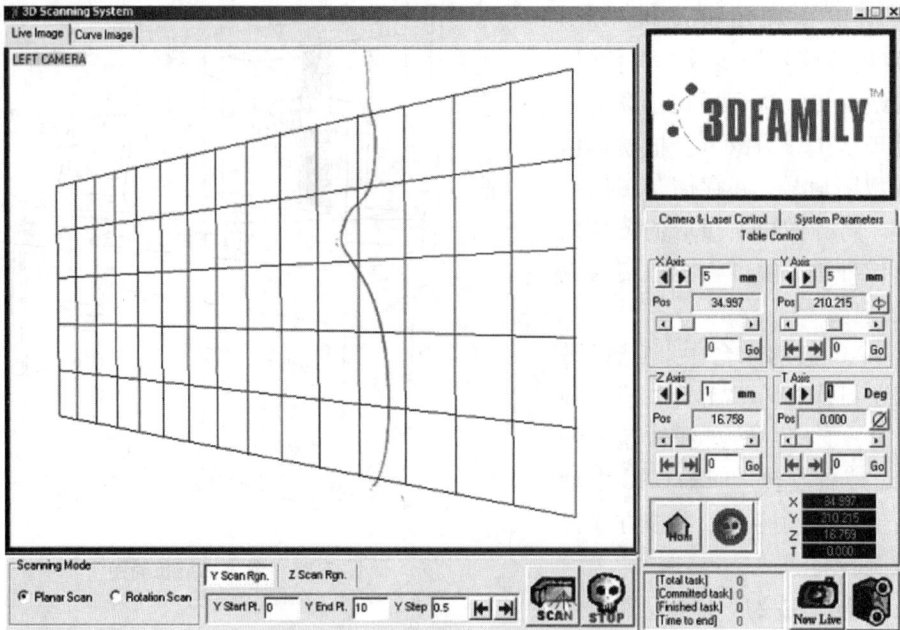

图 3.26 Scan3DNow 软件操作界面

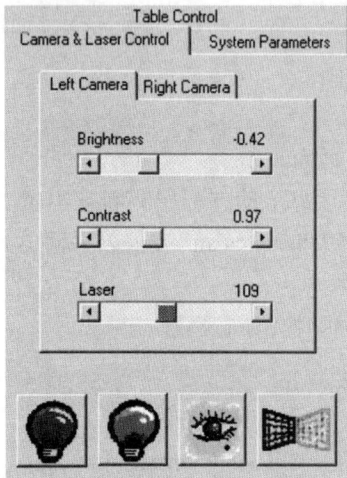

图 3.27

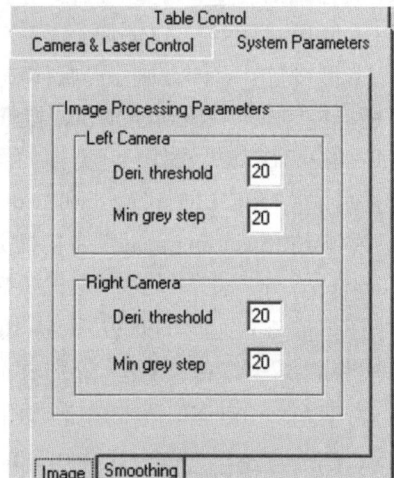

图 3.28

表 3.3 "Table Control"图标含义

归零	急停	X、Y、Z 正向/ 负向相对移动	移动 Y 轴至 旋转中心	T 轴立即归零	移动各轴至 扫描起点/终点

表 3.4 "Camera & Laser Control" 图标含意

图标	含意
🔴 ⚪	激光开关,红色为开启,灰色为关闭
🔲	显示/关闭校正网格(动态影像显示区)
👁	预览激光束于待测物表面所形成的曲线
Brightness	调整 CCD Camera 影像亮度
Contrast	调整 CCD Camera 影像对比度
Laser	调整 CCD Camera 影像功率

3. 扫描控制软件的具体操作方法

由于激光扫描仪探头靠接收工件表面的反射光获取数据信号,因此,扫描前必须使工件表面的颜色呈浅色,如白色、淡黄色等。如果工件表面为黑色或颜色较暗,应先在工件表面喷上白色油漆。此外,还要考虑工件该如何摆放,才能得到最佳的测量效果,要考虑是否有测量死角,如果有的话,将工件作适当倾斜是否会有所改善。

LSH400 扫描仪的扫描方式有平面扫描和旋转扫描两种方式,其中平面扫描又包括单面扫描与多面扫描。扫描时应做出合理的选择。平面扫描用于较单纯或是只取单独特征面或用于较复杂的立体模型,可有效改善旋转扫描复杂曲面时所形成的死角。旋转用于立体、曲面之类圆物体,不适合扫有死角的模型或四方体。

4. 平面扫描的具体操作步骤

(1)打开"Scan3DNow"操作软件,进入如图 3.26 所示的控制介面。

(2)首先按下 🏠 图标,将系统各轴归零,归零完后,系统介面立即变成可使用状态。

(3)选择扫描方式。扫描方式见图 3.26 左下角,有平面扫描("planar scan")与旋转扫描("rotation scan")两种。选中"planar scan"。

(4)按下 📷 图标,使激光头 CCD 呈现动态影像(左 CCD,如图 3.26 所示显示屏中长长的曲线),再利用"Table Control"处的 X、Y 及 Z 轴控制按键把激光头移到被测物处,接着进入"Camera & Laser Control"页,并按下 🔴 图标及 🔲 图标,开启激光并显示网格,此时屏幕上显示的为左 CCD 所撷取的影像。

(5)利用"Table Control"页 Y 轴 Z 轴控制按键,将激光移到被测物的最突出处,接着利用 X 轴控制按键,将被测物最突出处移至网格内,一般移至第三或第四格之间(左侧或右侧),如此得到的点数据较为清晰。

(6)被测物确定在网格内后,利用"Camera & Laser Control"页调整激光功率及对比度等,来达到被测物所需要的影像质量,按下 👁 图标,检查激光在被测物表面所形成的曲线是否良好,进一步调整影像质量,直到满意为止。

(7)切换至右 CCD,同样来检测被测物的最突出处,在右 CCD 状态下是否在网格内,调整激光功率及对比度等,方法同上。

(8)影像质量调整完后,接下来设定扫描行程及范围,首先利用"Table Control"页 Y 轴及 Z 轴控制按键,来调整被测物,使其最低处在网格内,位置确定后则按下扫描范围设定键以记忆该位置，设定 Z 轴起始位置。

（9）利用"Table Control"页的 Z 轴控制键，每次向上移动 50mm（最大），搭配移动 Y 轴调整被测物的高处落在网格内，并记录 Z 轴移动次数，将次数输入 Band No 内，50mm 输入 Z Step 内。见图 3.29。

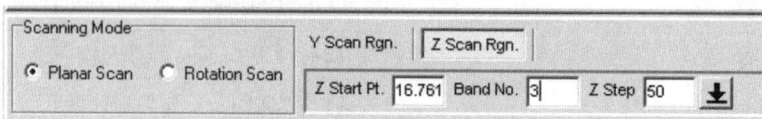

图 3.29

（10）确定 Z 轴行程后，再移动 Y 轴，找出待测物之 Y 轴扫描行程。其操作方法为利用 Y 轴之移动键将激光线移至待测物一边（扫描起始位置），位置确定之后再按下扫描范围起始位置设定键以记忆该位置。然后再移动 Y 找出待测物的另一边（扫描终点位置），位置确定之后再按下扫描范围终点位置设定键以记忆该位置，确定扫描行程。

（11）扫描行程及范围设定完成后可利用 Y 轴及 Z 轴的 ← → 移动至起点及终点位置，见图 3.30。

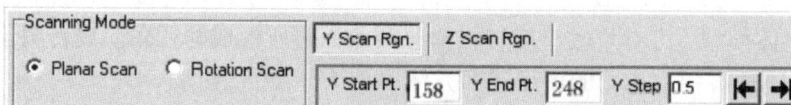

图 3.30

（12）Z 轴与 Y 轴之行程确定之后，于 Y Step 内输入扫描间距（Scan Step），数据越小表示扫描后得到的点数据越密。

（13）完成所有上述步骤后，按下 图标，将出现如图 3.31 所示画面，该画面用于设定扫描参数。

①在"Number of scanning planes"选项中填入欲扫描的平面数（1~4 个）。

②勾选"To divide into equal planes"项设定欲分割的角度，并按下 按键使之生效，也可于每一平面之角度栏指定所需旋转角度。

③多面扫描时，若需将每一平面所得数据分别存放，可勾选"Save as each plane"项。

④内定的档案格式为 SCN，若需将所得数据存储为 ASC 档案格式，可勾选"Save as ASC format"项。

⑤若需将所得数据存储为自行指定的档案名称，可勾选"Specify project name"项，并在目录及档案名称栏输入指定名称。

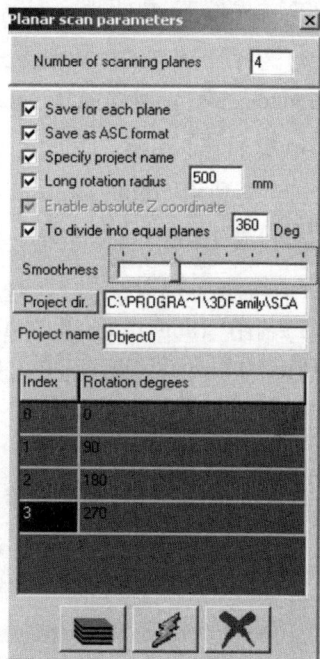

图 3.31

⑥为确保分段扫描大形物体时各段数据皆能顺利接合,可勾选"Enable absolute Z coordinate"项,以套用绝对 Z 坐标。

⑦若待测物为狭长形物体且扫描方式为多面扫描时,可勾选"Long Rotation radius"项,设定回转半径,以避免旋转轴转动过程中待测物撞及机台。

⑧"Smoothness"扫描数据平滑化程度。

设定好参数后按下 图标开始扫描,若要放弃扫描则按下 图标。

(14)扫描完成后屏幕上会出现"Scanning process finished"字样,按下 OK 完成扫描,进入点数据后处理环节。

5. 旋转扫描的具体操作步骤简介

(1)将被测物置于旋转中心附近。打开"Scan3DNow",系统归零后,先选择"Rotation Scan",即旋转扫描。

(2)利用 图标将激光线移至旋转中、处,并将被测物的中心对准激光线。

(3)按下 图标打开网格,移动 X、Y、Z 轴,将被测物最突出处显示于网格前缘。

(4)调节激光功率和对比度,来达到被测物所需的影像质量。

(5)转换 CCD,则画面将切换另一 CCD 所撷取的影像,检测被测物最突出处是否在网格内。

(6)再次调节激光功率和对比度,来达到被测物所需的影像质量。

(7)移动 Z 轴,使被测物最低处落于网格内。

(8)将画面切换至另一 CCD 所撷取的影像,确认在另一 CCD 影像下,被测物最低处是否在网格内,位置确定后则点下扫描范围设定键,以记意该位置,确定 Z 轴起始位置。

(9)如被测物高度超过网格扫描高度,则须先确定 Z 轴需扫描几次。先利用 Z 轴控制键每次往上移动 50 mm(最大),并记录 Z 轴移动次数,将其输入 Z Scan Rgn 的 Band No 内,50 mm 输入 Z Step 内。

(10)确定 Z 轴行程后,再从 T Scan rgn 处设定扫描角度与扫描间距。

(11)设定好以上参数后,先按 图标让转盘归零。再按下 图标,并设定如图 3.32 所示扫描参数。按下 图标开始扫描。

(12)扫描完成后屏幕上会出现"Scanning process finished"字样,按下 OK 完成扫描,进入点数据后处理环节。

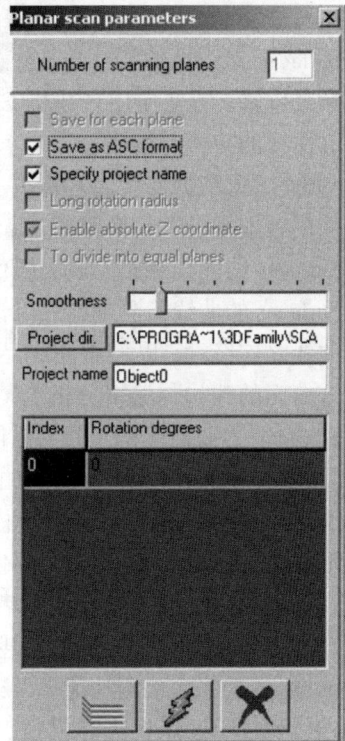

图 3.32

3.3.5 点数据的后处理

在逆向工程中,曲面模型重建是最重要、最繁杂的一环,需要的是平滑的曲面模型或由良好的点群所产生的三角网格，所以点数据的处理、曲面的构建方式以及编辑与分析功能的健全，是逆向工程曲面模型重建相当重要的一部分。Surfacer 软件和 Geomagic Studio 5 软件是用于曲面模型重建的两个重要软件，下面分别介绍。

1. Surfacer 软件介绍

（1）Surfacer 基本功能的特点

由于逆向工程的特点，通常需要读入大量的原始数据，如坐标点。但由于数据过于庞大，并非所有 CAD/CAM 软件可读入，因此逆向软件必须处理大量的点数据，而 Surfacer 便具有这种特性。

Surfacer 主要用于描述由参数、变数表达出来的自由曲面，如：汽车的外板件、车灯的反射镜及外观造型等自由曲面。这些自由曲面用一般 CAD 软件无法描述出来。

①Surfacer 对测量数据的分析与编辑

采用独立的 OEP（one entity processing）运算，当读入数量庞大的点群数据时，软件将点群中所有的点视为一个元素（entity*），可以读入许多笔数量庞大的点群，因此，Surfacer 读取点群原始数据时没有点数限制。

Surfacer 的点群编修工具能对点群数据做顺滑、取样、滤除、运算尖角特征数据、计算三角网格及投影曲线到 3D 点群上等动作，以增加使用者处理量测数据的速度。

Surfacer 对点群的特征撷取工具，让使用者根据量测数据的曲率、剖面、颜色、边界，撷取其特征位置，方便使用者建构 CAD 模型。

②曲线的建构与编辑

Surfacer 可依据使用者的需要来建构各种曲线，串联由量测设备所量测出来的点群，并允许使用者根据公差与顺滑程度，来绘制合适的 3D 曲线。

Surfacer 的曲线编辑工具，提供使用者动态的调整直到符合使用者的要求。

Surfacer 的曲线检测功能，可让使用者及时检测曲线与量测点数据的误差数值，以及曲线与曲线之连续性，以控制曲线品质。

③曲面的建构与编辑分析*

Surfacer 的曲面建构工具，提供使者两重建构的方式，一是快捷的以曲面粘贴群方式，来建构 CAD 曲面。另一个方法是建构高品质的自由曲面造型，更可依需求建构 CLASS A 曲面（曲面连续性佳的曲面）。当然建构高品质的曲面时，耗时会比较久。

Surfacer 的曲面编辑工具，提供使用者动态的调整曲面方法，一边调整曲面，一边比对曲面与点群的误差，直到符合使用者的需求，并通过及时的曲面检测工具，让使用者快速、准确、方便的建构高品质的曲面。甚至建构完成后，输出曲面与点群间误差的报表，以供确认。

Surfacer 的曲面检测功能，可让使用者即时检测曲面与量测数据的误差量，以及曲面与曲面连续性、曲面反射光源模拟、拔模角度检测、管状光源投影汽车板金曲面，以控制曲面品质。

Surfacer 另外提供了许多种曲面品质检测、分析工具通过这些分析工具可确保自由曲面的品质。

Surfacer 支持一般通用格式如 IGES、ASCILL、VDA、DXF、STL 等等，并能识别许多种量

---

* entity 是指点群、曲线、曲面，另外还有群组、标注等。

测设备的标准格式。

注意：Surfacer 不能打开和保存保存用中文命名的文件。

2. Surfacer 的操作界面

Surfacer 操作界面如图 3.33。

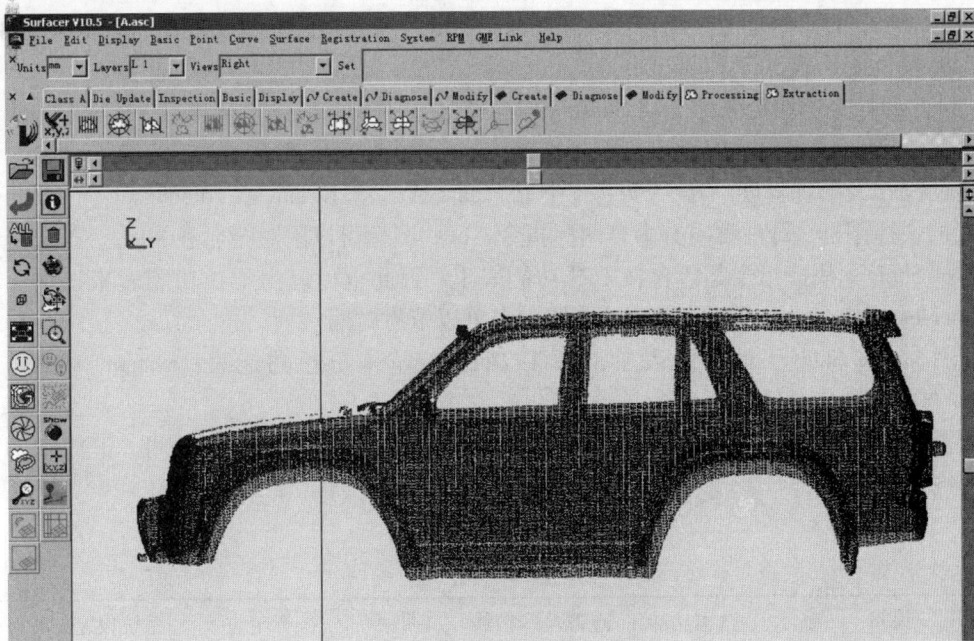

图 3.33 Surfacer 操作界面

表 3.5

序号	名　称	图　样	说　明
1	Menu Bar	File Edit Display Basic …	主菜单
2	Mode bar	Units mm ▼ Layers L 1 ▼ Views …	单位、图层、视角方向的显示模式
3	Message Area	Set …	提供使用者操作信息
4	Tool Shevles	…	提供各种指令的快捷图标
5	Tool Box	x,y,z …	操作界面的快捷指令
6	Orientation axes		固定显示在绘图视窗左上角的坐标轴向
7	Scroll bars		三轴向的旋转、移动的快捷 Bar

Surfacer 操作界面的内容见表 3.5 所示。

（1）主菜单（Menu Bar）

Menu Bar 是完整、详尽的功能选项区域，见表 3.6。每一项下都可以下拉多列功能，最多不超过三层的下拉功能选项。总共可下拉出子项目达 500 多项，下拉形式见图 3.34。

（2）操作界面的快捷指令图标 Tool box

在 Surfacer 的操作画面左侧，有两排快捷指令，这些是最常用的功能集合。其图标形式、指令名称及说明见表 3.7。

（3）各种指令的快捷图标 Tool Shelves

Tool Shelves 的主要功能是让使用者可以快速的开启指令，并利用视觉的图标操作，加快使用者的操作及熟练程度。Tool Shelves 中有"Class A"…"Create"、"diagnose"、"Modify"…等类别的快捷图标，每一类中有多个图标指令，这些图标可以附时开启和关闭。

Tool Shelves 快捷指令都包含在下拉功能表里，因此也可以由下拉功能表来选取。只是 Tool Shelves 将指令做一个集合整理，让使用者可以节省时间。

此外，Tool Shelves 的功能表单，也可自行设定，由下拉功能表：System→Select Tool Shelves 选项中开启对话框进行设定。

要熟练掌握 Surfacer 软件并非几个小时就能办到，需要学习相当长时间。下面举例说明 Surfacer 操作与应用。

表 3.6

文档	编辑	显示	基本功能	点群	曲线	曲面	坐标定位	系统设定	…
File	Edit	Display	Basic	Point	Curve	Surface	Registration	System	…

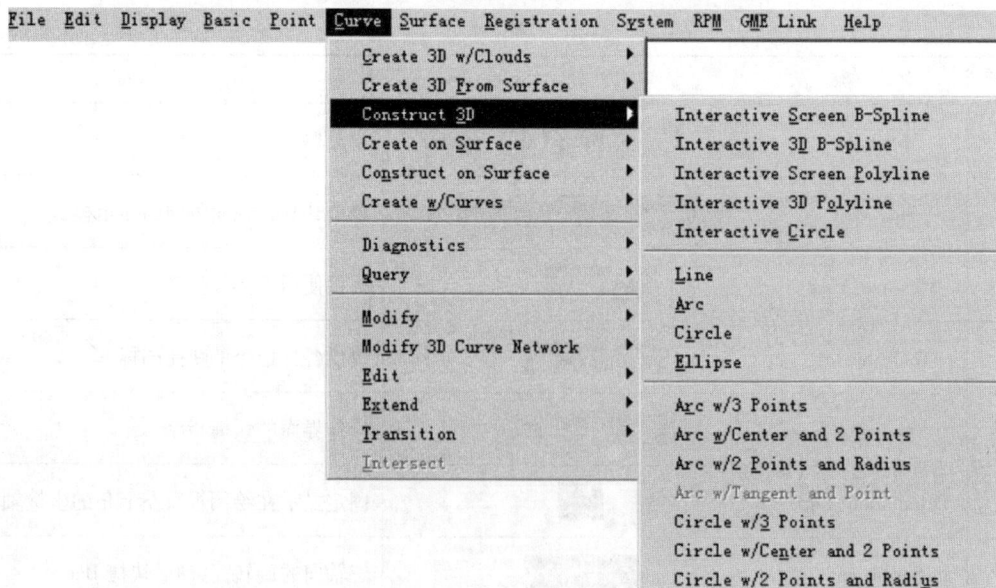

图 3.34　Surfacer 的下拉功能表

表 3.7

图标	名　称	说　明
	Open File	开启文档
	Save Current Viewport	储存目前画面的数据
	Undo One Command/ Undo the Undo Command	回复前一个指令的动作
	Entity Information	Entity 的资讯,包括坐标、控制点等
	Clear(Cut) Viewport	清除目前的屏幕画面
	Erase(Cut) Entity(s)	清除所选择的 Entity
	Rotate World View	旋转整个画面
	Translate World View	移动整个画面
	Rotate About/ Translate Along Mode	旋转或移动模式,可依整体、轴、坐标点方式
	Rotate/ Translate Active Entity	旋转或移动激活的 Entity(s),或选择的 Entity(s)
	Fill to View	将画面扩充到全视窗
	Zoom Windows	局部放大
	Group Entities	将所选的 Entities 做成群
	UN – Group Entities	将所选择的群组炸开,让群组中的 Entities 成为独立的个体
	Show Entities	将所选择的 Entities 显示出来
	Hide Entities	将所选择的 Entities 隐藏起来
	Circle Select	圈选点群
	Pick Location	将所选择的位置坐标值显示出来
	High Resolution Setting For Surfaces	以高解析度着色曲面
	Medium Resolution Setting For Surfaces	以中解析度着色曲面
	Low Resolution Setting For Surfaces	以低解析度着色曲面

(4)Surfacer 的操作实例

在 Surfacer 中常用的基本操作是:删除杂点、跳点,对点群进行坐标定位,建构曲面、顺滑、着色、修补曲面等。

Surfacer 快速建构自由曲面的方法:

①打开点群数据文档,如图 3.35 所示。

②选择快速建构曲面子菜单

选择 Surface→Create W/Cloud→Rapid Surfacing 按如图 3.36 所示选择水平分割数与垂直分割数,将所有曲面整合,并结合成大曲面。按下 Apply,曲面建构完成。

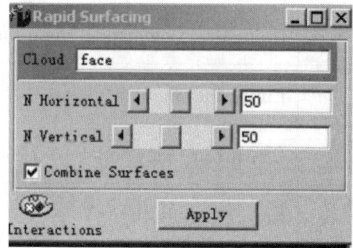

图 3.36

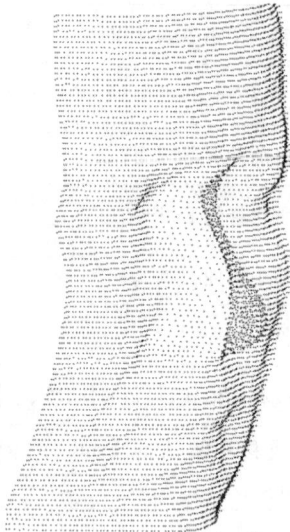

图 3.35　点数据

③检测误差

曲面建构完成后,可利用 Diagnostics 检测曲面与点群之间的误差大小。将原始点数据删除,即得到如图 3.37 所示曲面(显示网格)。

④改变曲面的显示形式。

选择 Display→Surface→Gouraud - Shaded,或按 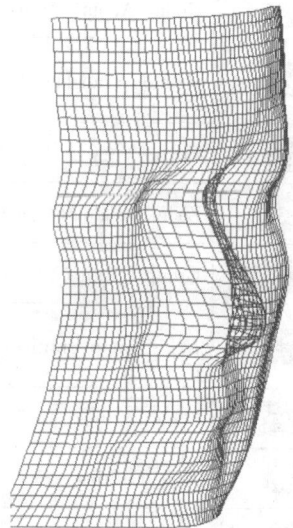 图标,所建构的曲面以曲面形式显示。

快速建构的曲面往往容易出现烂面。必须将烂面进行处理,直到做成一个完整的曲面。

图 3.37　快速建构曲面(网格显示)

在 Surfacer 常用的基本操作中,对点群进行坐标定位是非常重要的基本操作,定位的目的是将点群移至指定的位置,由 Surfacer 转入 Pro - e 等软件之前必须对点数据整体进行坐标定位,当需要进行计算机辅助检测(Computer Aid verdict 简称 CAV)时,也需将点群定位至原始的 CAD 数据。

Surfacer 的定位方式有直接定位(Direct Registration)、步进式定位(Stepwise Registration)、混合式定位(Mixed Mode Registration)等多种形式。以下介绍步进式定位的具体操作。

定位(Registration)的操作步骤是:(将点群定位于某个指定平面、指定方位)

⑤开启点资数据文档。

⑥切换视角后,Points→ Construct Points 点选边缘点用于形成平面,选取完成后按 Apply,

所选取的点群会自动命名为"Cld"(可选 3 – 4 个点形成)。

⑦Surface → Greate w/cloud → Fit Plane 以所选点群建立一个基准平面,平面生成后,点数据资讯栏将增加 FitPlane 一栏,此时删除上一步完成后生成的"Cld"项。

⑧Display → Align view to → Surface 切换视窗。

⑨Points → Cross sections → Interactive 切一道直线取得两侧壁的点群数据。(切取点群后为便于看清楚所切取的点数据,必须将其他内容隐藏)。

⑩Points → Extract points → Circle – select points → Both Clouds 将点群区分为 A、B 两笔点群。由 A、B 两条点群找出点群的中心线,以此中心线作轴线进行定位。利用两条点群的平均点群求得中心线时,两条点群的点数必须相近,因此一般先将两条点群转成直线,然后由直线产生相同数量的两条点群。方法见第 7、8 两步。

⑪Curves → Create 3D w/clouds → Fit Line 以点群绘制两条直线。

⑫Point → Create From Curves → Sample Curve 由两直线产生同样数量的点群。

⑬Point → Create From Clouds → Average Point Clouds 利用上一步所产生的两笔点群数据,计算出中间的平均点群。

⑭Curve → Create 3d w/Clouds → Fit line 利用平均点群构建一条直线。

⑮Basic → Group → Create Group(G)

为了能使工件(产品)定位时跟直线、曲面一起移动到坐标指定位置,必须将工件(产品)点数据,直线、曲面合并成一个群组

⑯Surface → Construct → Plane 建构一个平面。

⑰Curve → Construct 3d → Line 建构一条轴向直线。(可以沿着 X 轴向,也可以沿 Y 轴向。依照所需求的方向绘制)

⑱Registration → Stepwise Registration

系统会以内定的定位方式:直线与直线对齐,然后平面与平面对齐。

⑲Basic → Group → Ungroup

取消群组,删除以上所建构平面与直线,完成定位操作步骤。

3.3.6 Geomagic Studio 5 软件简介

1. Geomagic Studio 5 软件的主要特点

与 Surfacer 相比,Geomagic Studio 5 具有如下特点:

(1)可以快速建构复杂的自由曲面。扫描得到的点数据在 Geomagic Studio 5 软件上只需几分钟就可快速建构出曲面,无论点数据复杂程度如何,只要计算机内存不受限制。Surfacer 软件上也能使用"Rapid Surfacing"功能快速建面,但不能太复杂,否则需用其他方法建面,往往需要几个小时甚至几天时间才能完成。

(2)可在 Geomagic Studio 5 软件对复杂的自由曲面加厚度。(Surfacer 上没有加厚度功能,其他软件上加厚度受到曲率与厚度等限制,对于复杂曲面加厚度,往往容易出现问题)

(3)Geomagic Studio 5 软件操作较简单,容易掌握。

2. Geomagic Studio 5 软件操作界面

操作界面如图 3.38。

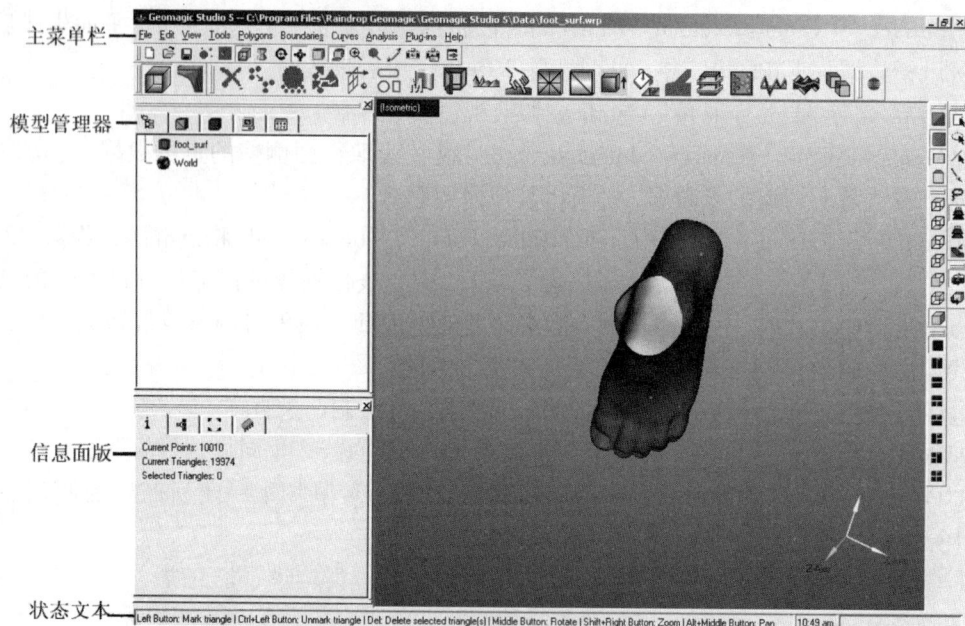

图 3.38　Geomagic Studio 5 操作界面

3. 鼠标应用

左键：选择

左键 + CTRL：放弃选择

中键：旋转

右键：子菜单

右键 + CTRL：旋转

右键 + ALT：移动

右键 + SHIFT：放大或缩小

4. Studio 5 的基本功能

（1）点群数据的处理：可进行随机取样、依曲率取样与均匀取样，删除杂点，减少跳点（顺滑化），轮廓线的勾画和边界选取等操作。

（2）多边形的处理：可根据点数据自动生成三角网格，进行多边形补洞，多边形网格相交运算，对多边形进行平滑化，改变多边形的内外向量，对多边形网格进行简化和细分，对边界进行平滑、贴合、剪裁、投影等。

（3）曲面创建：可自动创建曲面，自动特征检测，自动曲面分布，手动曲面编辑，自动参数化等。

Studio 5 支持一般通用格式如 IGES、ASCILL、DXF、STL 等等。

5. Studio 5 的软件的常用快捷图标及含义

常用快捷图标见表 3.8。

表3.8 常用快捷图标

图标	名 称	说 明
	Open File	开启文档
	Select Disconnected	将距基体较远的点断开,以便删除
	Erase	删除
	Reduce Noise	减少跳点(网格面平滑化)
	Uniform Sample	随机取样(稀释点)
	Curvature Sample	曲率取样(稀释点)
	Wrap	建构曲面
	Create Features	创建特征
	Fill HoleS	补孔
	Edit Boundary	编辑边界

6. Studio 5 的软件的基本应用

建构曲面的基本操作:

(1)打开如图 3.39 所示的文件。

(2)按下 图标,将杂点与基体断开。按确定后被断开的点呈红色,即可进行下一步操作。

(3)按下 图标,删除画面中呈红色的点。共删除了有 100 多个点。删除后的画面如图 3.40。

(4)按下 图标,减少跳点(平滑化)。出现图 3.41 所示对话窗,在"优化"选项中选"自由形状",把"平滑级别"设置在中间,然后按下"应用",完成后按"确定"。

图 3.39

图 3.40

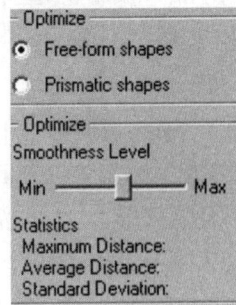

图 3.41

(5)按下 图标,进行随机取样(稀释点)。在对话框中输入间距大小。如图 3.42 所示。按确定后模型中的点将按照所设定的两点之间的间距进行精减。

（6）按下 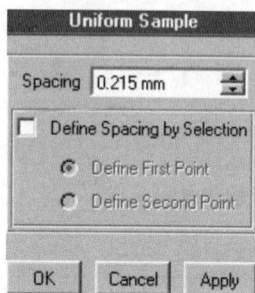 图标，按曲率进行取样（稀释点）。在对话框"取样百分比"中输入数字，如图3.43所示，然后按确定。

（7）按下 图标，建构曲面（多边形）。在对话框中选择"曲面"，按确定生成如图3.44所示曲面。

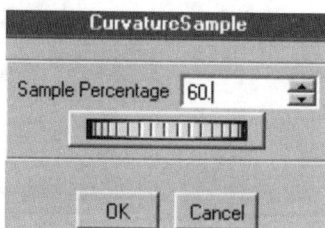

图3.42　　　　　　　　　　图3.43　　　　　　　　　　图3.44

编辑、修正曲面的基本操作：

继续以上述实例来说明编辑、修正曲面的基本操作。

（8）按下 图标，创建特征。确定圆孔和方孔两特征的参数，在对话框的"特征类型"中选择孔（ ○ ），并选择模型中的圆孔，此时圆孔的直径将会在"参数"中显示出来，将直径改为要求值（此例为13mm），按回车键按"下一步"。选取模型中另一个圆孔，将"直径"也改为13.00mm，按回车键并按"下一步"。在"特征类型"中选圆角矩形（ ⬭ ），选取模型中的方孔，在"参数"中将其"半径"改为要求值（7.0mm），"长度"与"宽度"改为要求值（42.0mm），然后按"确定"按钮。

（9）在屏幕左边的"模型管理器"中选中特征，按右键并选择"全部隐藏"，模型中的标注将被隐藏起来。

（10）在"编辑"菜单下选择"选择—边界"命令，在模型中选择第九步中所选择的三个孔，按"扩展"三次，然后按"确定"。最后把扩展出的多余的三角形"擦除"。

（11）按下 图标，进行孔填充。首先在"填充选项"中选取"All Holes"（指不缺少孔边的孔），然后选取模型中的孔，把它们填好。再把模型边上缺损的部分放大，见图3.45，在"填充选项"中选取"Partial Holes"，选择两个边界点和包括的边界将缺损部分填满，然后按"确定"。按CTRL+C取消选择，CTRL+D放大显示。

（12）按下 图标，编辑边界。由图3.46可见边界是不规则曲线，编辑边界是为了使边界线变得比较顺滑。选取"整个边界"，并点中模型的边界，把"控制点"的值改为要求值（如200），按回车键，按"执行"重新生成边界，按"确定"接受此边界。

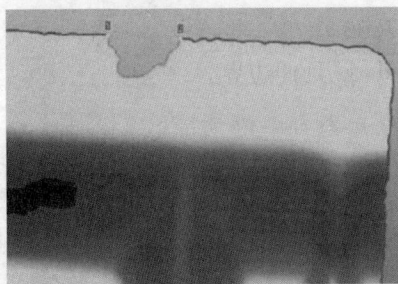

图 3.45

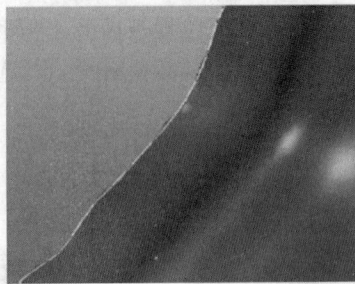

图 3.46

3.3.7 逆向工程实例

由样品到快速原型实例。

由样品到快速原型的操作过程为：

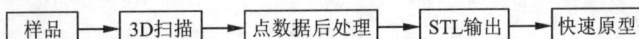

（1）样品：陶瓷制品小白兔。

样品尺寸大约为 $90 \times 90 \times 120$。

（2）非接触式三维激光扫描。

采用平面扫描方法进行扫描，（扫描的具体步骤见 2.3.1 平面扫描的具体操作步骤）。

根据样品尺寸设定 Y 轴的起点与终点之间间距稍大于 90，将 Z 轴移动次数为 3 次输入 Band No 内（因扫描时 Z 轴一个行程只能扫描 50 mm，所示需要分三段进行扫描）。扫描后得到如图 3.47 所示点数据。

注意：保存文档时不能用中文命名。否则在 Geomagic Studio 5 和 Surfacer 上均打不开。

（3）在 Geomagic Studio 5 上进行后处理。

①打开上述点数据。

②按下 ⬚ 图标，将杂点与基体断开。按确定后被断开的点呈红色，即可进行下一步操作。

③按下 ✖ 图标，删除画面中呈红色的点。完成上述操作后发现下面还有部分杂点没有删除。可直接选中杂点进行删除。

④按下 ⬚ 图标，减少跳点（平滑化）。

⑤按下 ⬚ 图标，进行随机取样（稀释点）。

⑥按下 ⬚ 图标，按曲率进行取样（稀释点）。完成上述步骤后的点数据见图 3.48。

⑦按下 ⬚ 图标，建构曲面（多边形）。按确定生成如图 3.49 所示曲面。

⑧按下 ⬚ 图标，进行孔填充。补洞后的模型如图 3.50 所示。

可按下面两步模型底面进行裁剪。

⑨创建特征。

⑩按下 ⬚ 图标，建立一个垂直于 Z 轴的平面。见图 3.51。

⑪按下  图标，选定所建一平面。出现如图 3.52 所示对话窗，选择"Delete Selection"模型底部依平面所在位置被剪齐。剪齐后的形式见图 3.53。

⑫若被裁剪的下部需要补充，可选择"Extend boundary"延伸边界。

图 3.47

图 3.48

图 3.49

图 3.50

图 3.51

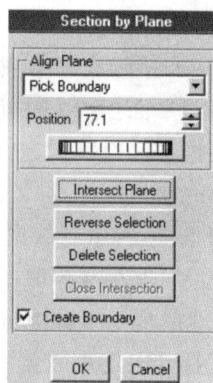

图 3.52

⑬给模型曲面加上厚度。加厚度的方法是在主菜单下选择"Polygons →Thicken"，在对话框中输入厚度值，然后确定。

完成上述步骤后即可存盘。用 STL 格式存盘后转入快速原型机，复制出快速原型样品。

图 3.53

3.4　熔融挤压快速成形操作方法

　　快速成形制造技术是通过材料的堆积成形来实现零件的制造。熔融挤压制造 MEM（Melted Extrusion Modeling）是一种应用较广的快速成形技术，它是将热熔型材料（ABS、蜡、尼龙等）在喷头内加热后从细微的喷管中喷出，以连续的微滴形成丝材堆积成形，自动、快速地将设计思想或三维电子模型转化为具有一定功能的原型或直接制造成为零件。

　　熔融挤压成形（MEM）工艺是将丝状热熔型材料通过液化器熔化，而后挤压喷出并堆积一个层片，然后将第二个层片用同样的方法加工，并与前一个层面熔合在一起，如此层层堆积而获得一个三维实体。

　　MEM 工艺具有以下优点：

　　（1）系统的特点：无需其他快速成形系统中昂贵的关键部件——激光器，故 MEM 快速成形系统成本较低。

　　（2）后处理：原型后处理简单、方便。

　　（3）工艺适用范围：MEM 工艺适用于薄壳体零件及微小零件，如电器外壳、手机外壳、玩具等，可以作为概念型直接验证设计。

　　图 3.54 为熔融挤压成形（MEM）设备的结构示意图。整个系统由系统主框架、扫描运动系统、喷头及送丝机构、加热及温控系统、数控系统等几个主要部分组成。

　　熔融挤压成形（MEM）已由最初的单喷头成形技术发展到现在的双喷头成形技术。由于快速成形零件一般为空间模型，熔融挤压（MEM）快速成形制造过程中，要使所设计的零件准确成形，需要支撑材料来保证零件在成形过程中的空间方位达到要求。本体部分和支撑部分对材料性能的要求不同。本体部分要求材料粘接强度高，粘接牢固；支撑部分要求是粘接强度要低，容易去除。单喷头成形技术由一个喷头内喷出同一种成形材料完成零件的制造，成形

图 3.54　MEM – 350 熔融
挤压成形设备

材料和支撑材料完全相同，不能满足要求，而解决这一矛盾的方法就是采用双喷头技术。双喷头技术就是在熔融挤压快速成形（MEM）技术中采用两个喷头，其中一个喷头制作本体部分，另一个喷头制作支撑部分，两个喷头使用两种不同的材料，零件制造成形之后，既能使零件本体具有较高强度，而能比较方便地去除支撑材料。

　　熔融挤压快速成形（MEM）采用先进的三维打印/快速成形软件技术即 Aurora 软件来实现材料的双喷头成形。

3.4.1　Aurora 三维打印/快速成形软件简介

　　Aurora 三维打印/快速成形软件能够实现零件快速成形的"一键打印"，在操作过程中输入 STL 模型，进行分层等处理后，输出到三维打印/快速成形系统，可以方便快捷地得到模型原型。

Aurora 软件具有如下功能：

1. 输入输出 STL 文件、CSM 文件（压缩的 STL 格式）、CLI 文件：数据读取速度快，能够处理上百万片面的超大 STL 模型。

2. 三维模型的显示：在软件中可方便地观看 STL 模型的任何细节，甚至包括实体内部的孔、洞、流道等，基于点、边、面三种基本元素的快速测量、自动计算、报告选择元素间各种几何关系。不需切换测量模式，简单易用。

3. 校验和修复：自动对 STL 模型进行修复，如图 3.55 所示，同时提供手动编辑功能，大大提高了修复能力，不用退回到 CAD 系统重新输出，节约时间，提高工作效率。

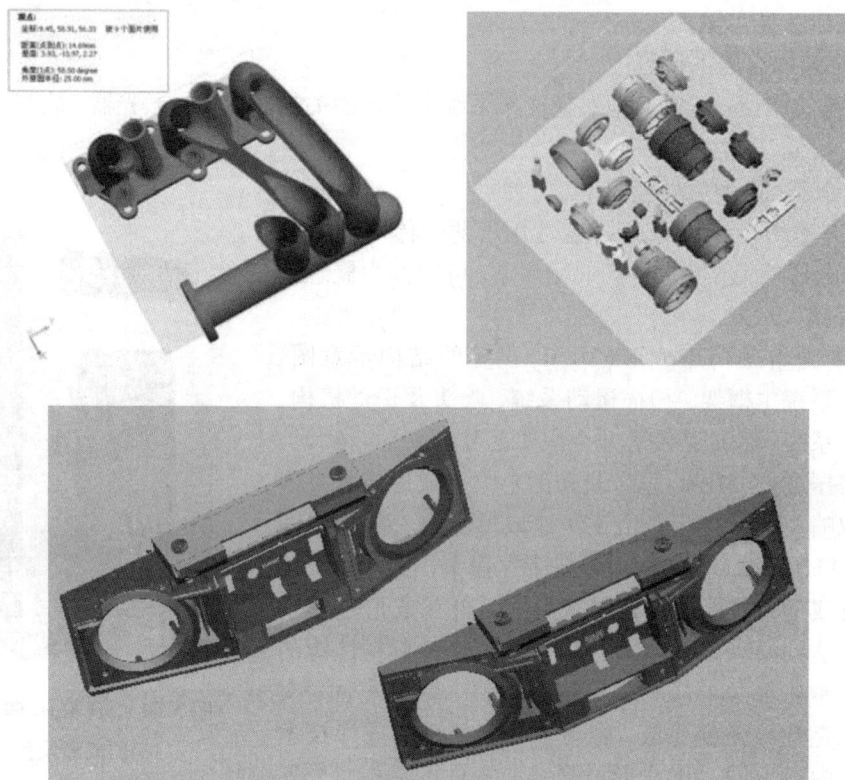

图 3.55　三维模型测量、排样、修复

4. 成形准备功能：可对 STL 模型进行变形（旋转、平移、镜像等）、分解、合并、切割等几何操作；自动排样可将多个零件快速地放在工作平台上或成形空间内，提高快速成形系统的效率。

5. 自动支撑功能：根据支撑角度、支撑结构等几个参数，自动创建工艺支撑。支撑结构自动选择，智能程度高。

6. 直接打印：可将 STL 模型处理后直接传送给三维打印机/快速成形系统，无需在不同软件中切换。处理模型效率高，容错、修复能力强，对三维模型上的裂缝、空洞等错误能自动修复。同时可对三维打印机/快速成形系统进行状态检测，保证系统正常运行。

3.4.2 启动 Aurora

1. 安装

启动安装盘内的 Aurora Setup. exe 程序，依照软件提示即可完成软件安装。安装完毕后，系统桌面和开始菜单中会添加本软件的快捷方式。

2. 启动

从桌面和开始菜单中的快捷方式都可以启动本软件。软件启动后的界面如图 3.56 所示。

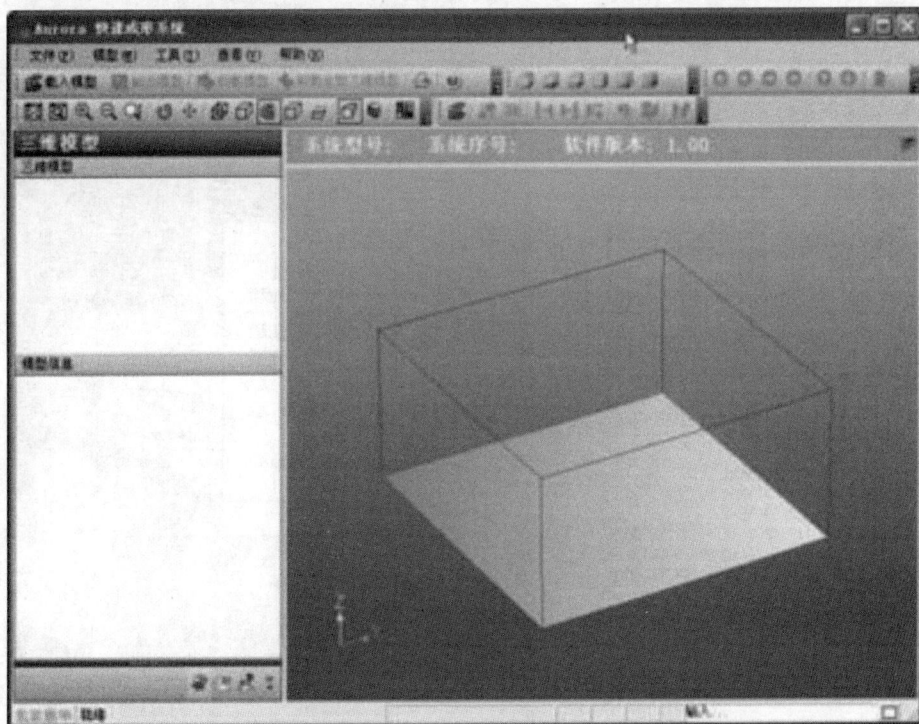

图 3.56 Aurora 软件界面

Aurora 软件界面由三部分构成：上部为菜单和工具条；左侧为工作区窗口，有三维模型、二维模型、三维打印机三个窗口，显示 STL 模型列表等；右侧为图形窗口，显示三维 STL 或 CLI 模型，以及打印信息。

第一次运行 Aurora 需要从三维打印机/快速成形系统中读取一些系统设置。首先连接好三维打印机/快速成形系统和计算机，然后打开计算机和三维打印机/快速成形系统，启动软件，选择菜单中"文件 > 三维打印机 > 连接"，系统自动和三维打印机/快速成形系统通讯，读取系统参数。

3. 载入 STL 模型

STL 格式是快速成形领域的数据转换标准，几乎所有的商用 CAD 系统都支持该格式，如 UG/II，Pro/E，AutoCAD，SolidWorks 等。在 CAD 系统或反求系统中获得零件的三维模型后，就可以将其以 STL 格式输出，供快速成形系统使用。STL 模型是三维 CAD 模型的表面模型，由许多三角面片组成。(请注意:输出为 STL 模型时一般会有精度损失。)

载入 STL 模型的方式有多种:选择菜单"文件 > 载入模型",在三维模型图形窗口中使用右键菜单,或者在三维模型和二位模型列表窗的右键菜单中选择"载入模型",或者按快捷键"CTRL + L";或者选择工具条上的" 载入模型 "按钮。选择命令后,系统弹出打开文件对话框,选择一个 STL(或 CSM、CLI)文件。本软件附带一个 STL 模型目录,在其安装目录下,名为 example,里面有一些 STL 文件。选择一个或多个 STL 文件后,系统开始读入 STL 模型,并在最下端的状态条显示已读入的面片数(Facet)和顶点数(Vertex)。读入模型后,系统自动更新,显示 STL 模型,如图 3.57 所示。

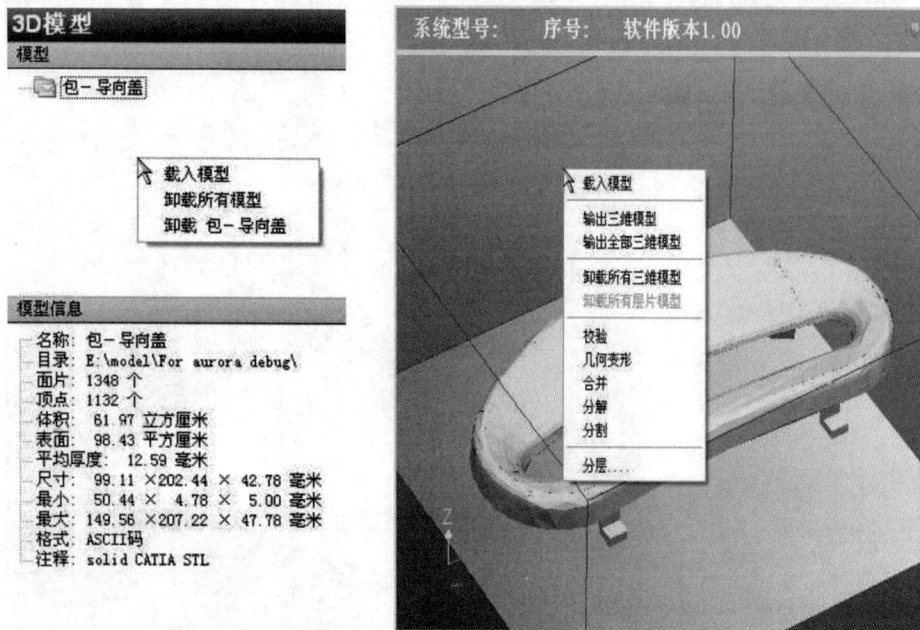

图 3.57　三维模型窗口和列表中的右键菜单

当系统载入 STL 和 CLI 模型后,会将其名称加入左侧的三维模型或二维模型窗口,如图 3.58 所示。我们可以在三维模型窗口内选择 STL 模型,也可以用鼠标左键在图形窗口选择 STL 模型。

4. 载入 CSM 和 CLI 模型

选择同样的命令,也可以载入 CSM 和 CLI 文件,不过要在"打开文件对话框"中选择合适的文件类型,如图 3.59 所示。

5. 打印

Aurora 软件可以打印三维模型窗口内容,并附加载入的 STL 模型的信息。如图 3.60 所示。

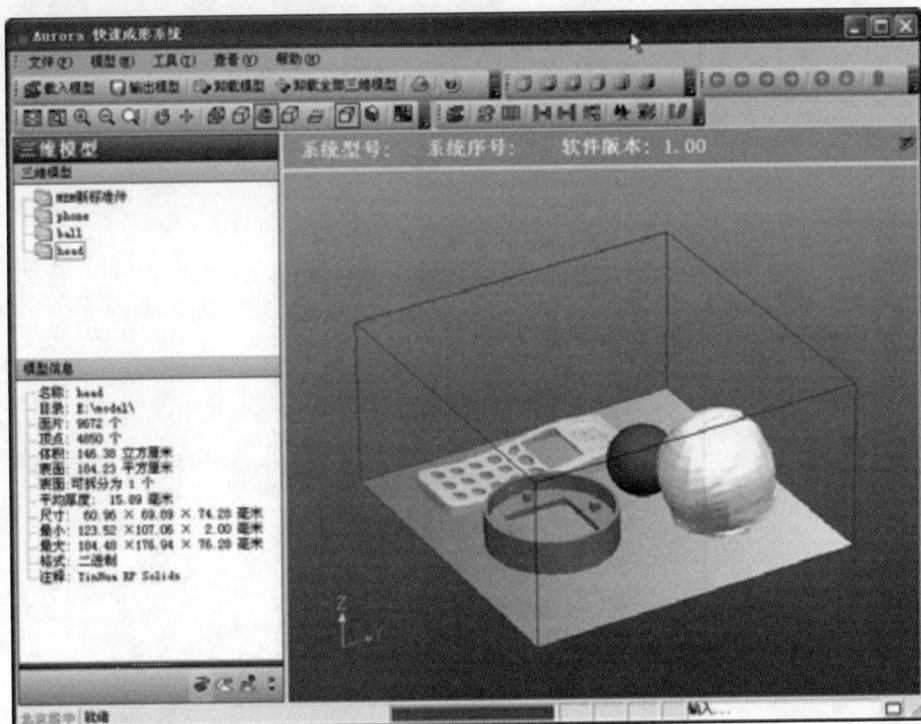

图 3.58 载入多个 STL 模型

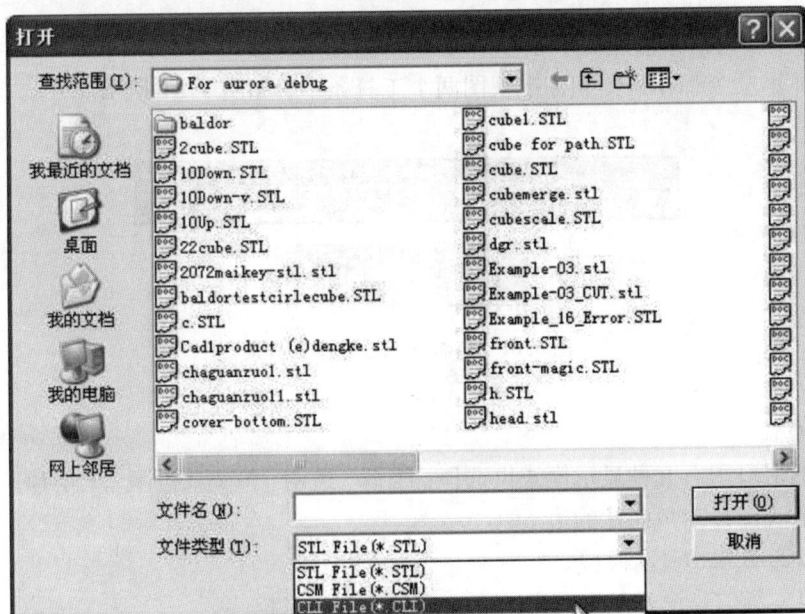

图 3.59 选择 CSM 或 CLI 文件

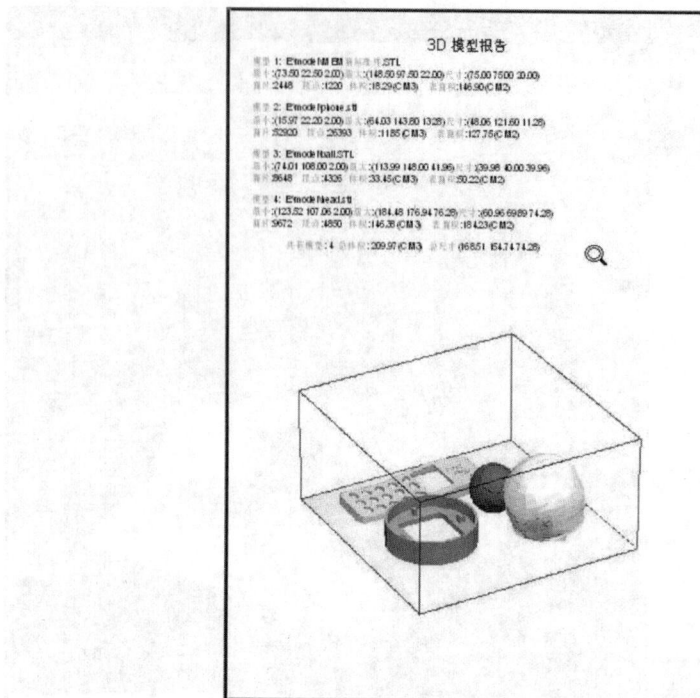

图 3.60　打印预览

3.4.3　模型显示

在 Aurora 三维打印/快速成形软件中可方便地观看 STL 模型的任何细节，并能测量、输出。全部的显示命令都在视图和标准视图两个工具条中，如图 3.61 所示。

图 3.61　查看和标准视图工具条

1. 显示模式

三维图形窗口中有五种显示模式供选择：线框、透明、渲染、包围盒、层片。

线框：显示 STL 三角面片的边。

透明：以透明方式显示模型。

渲染：以三维渲染模式显示模型。这是最常用的显示模式。

包围盒：简化模型，以模型的正交包围盒显示。

层片：显示二维模型的层片。

各模式的显示结果如图 3.62 所示。

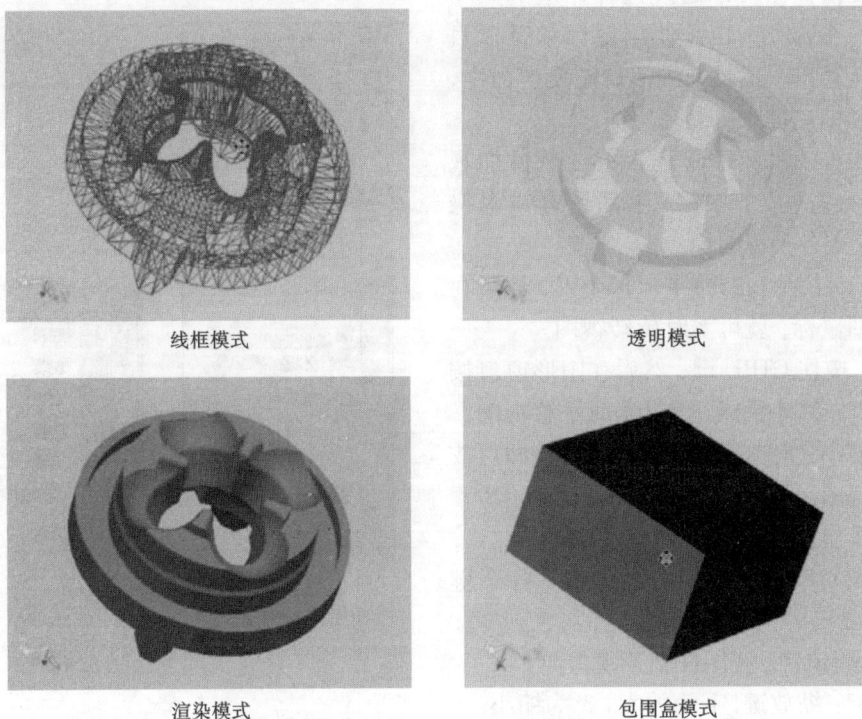

線框模式　　　　　　　　　　　透明模式

渲染模式　　　　　　　　　　　包围盒模式

图3.62　四种显示模式比较

2. 投影方式

在三维模型显示中，有两种投影方式：正交投影和透视投影，通过命令可以在这两种模式中进行切换。采用透视投影时，距离我们较近的模型显示大一些，远的小一些，真实感好于正交投影，如图3.63所示。

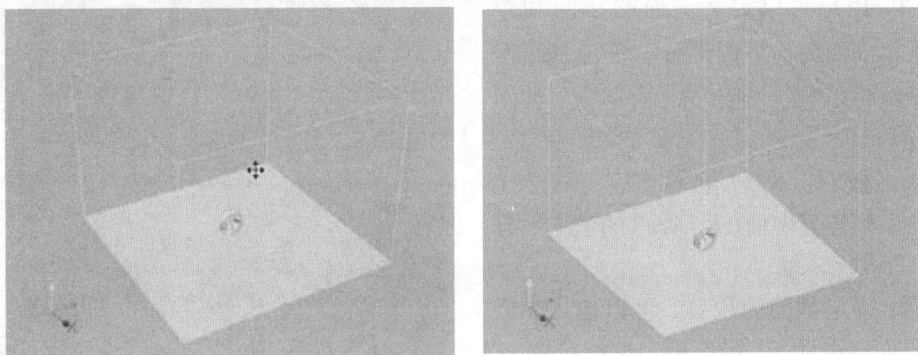

图3.63　透视投影和正交投影

3. 视图变换

通过视图变换，可旋转、放大、缩小模型的任何部位，能更详细地了解模型的细节和整体结构。同时有7个预定义的标准视图供选择。视图变换命令如图3.64所示。

视图变换命令可以通过选择相应的菜单或工具条命令激活，也可使用鼠标和键盘直接激活。从菜单或工具条激活视图变换命令，可以使用鼠标左键完成剩余工作。

鼠标操作：鼠标中健是 Aurora 软件的视图变换快捷键。按下中键，然后配合键盘操作，就可完成各种视图操作。

旋转：在图形窗口按下鼠标中键，然后在窗口内移动鼠标，就可实时旋转视图。

平移：按住 CTRL 键，然后在图形窗口按下鼠标中键，移动鼠标，就可实时平移视图。

放大缩小：向前或向后旋转滚轮，即可放大或缩小视图。

键盘操作：

该功能使用键盘右侧的小键盘。各个键功能如下：

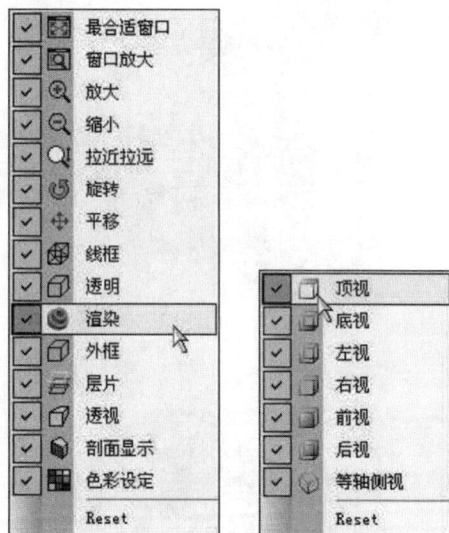

图 3.64　视图变换命令

5 键：固定键，视图回到顶视方向。

1、3 键：缩放键，1 为放大，3 为缩小。

7、9 键：旋转键，旋转轴垂直于平面，7 为逆时针，9 为顺时针。

2、4、6、8 键：组合键。

当 NumLock 键关闭时，为方向键，可以平移视图，方向如该键上的方向所示。当 NumLock 键锁住时，为旋转键，4、6 为左右旋转键，4 为左旋，6 为右旋。2、8 为上下旋转键，2 为下旋，8 为上旋，旋转方向和键上的箭头所示相符。

4. 剖面显示

剖面显示在观察复杂模型的内部结构时非常有用，用户可以定义剖面的法向和位置，并观察剖面的前后两部分。单击 ⬡ 按钮后，系统弹出"裁剪面设定"对话框，如图 3.65 所示。

该对话框中各选项功能如下：

轴向：确定裁剪面（及剖面）的法向，分为 X 轴、Y 轴、Z 轴。

位置：确定剖面的位置，可以输入，也可拖动下面的滑动条，动态确定剖面位置。

反向观看：显示剖面相反一边的模型。

拾取面片：在当前模型上拾取三角面片，以该面片作为剖分面。

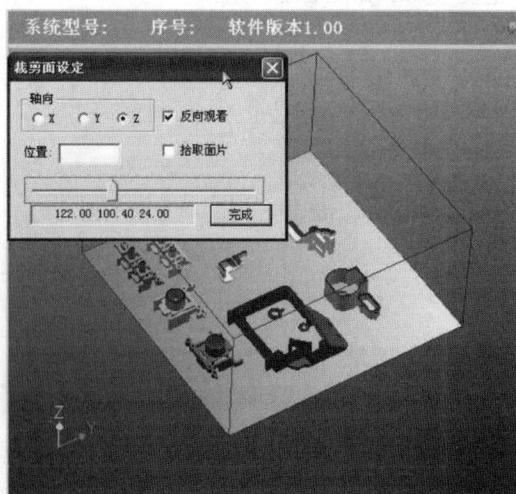

图 3.65　裁剪面设定对话框

当未选择该选项时，可以在当前模型上选择顶点，以该顶点确定剖分面的位置。

3.4.4 三维模型操作

三维模型操作包括坐标变换、模型分割、分解、合并、排样等。

1.坐标变换

坐标变换是对三维模型进行缩放、移动、旋转、镜像等。这些命令将改变模型的几何位置和尺寸。坐标变换命令集中在"模型 >几何变换"菜单中的几何变换对话框内,分别为:移动、移动至、旋转、缩放、镜像共五种。其界面如图 3.66 所示。

移动:移动是最常用的坐标变换命令,它将模型从一个位置移动到令一个位置。输入的 *X*、*Y*、*Z* 坐标为模型在 *XYZ* 三个方向上的移动距离。

图 3.66 几何变换对话框

移动至:是移动命令的另一种形式,不同于"移动"命令,它将模型参考点移至所输入的坐标位置。点击"应用"按钮后,程序执行移动操作。快捷操作:用鼠标左键和键盘可以完成模型移动,包括 *XY* 移动和 *Z* 向移动,以便于进行多零件排放。同时按住鼠标左键和 CTRL 键(先按下 CTRL 键),可以在 *XY* 平面上进行移动操作。同时按住鼠标左键和 SHIFT 键(先按下 SHIFT 键),可以在 *Z* 方向上移动选择的三维模型。

旋转:旋转也是一个常用的坐标变换命令,该命令以参考点为中心点对模型绕 XYZ 轴进行旋转。

缩放:以某点为参考点对模型进行比例缩放。如果选中了"一致缩放",则 XYZ 方向以想同的比例缩放,否则要对 XYZ 轴分别设定缩放比例。

镜像:是较少使用的几何变换命令。应用镜像时所选择的轴,为镜像平面的法向轴。

2.处理多个三维模型

快速原型工艺一般可以同时成形多个原型。Aurora 软件也可以同时处理多个 STL 模型。系统载入多个 STL 模型后,可以分别对他们进行处理,也可以一起进行处理。系统载入多个模型后,在左侧的三维模型列表窗口中会依次显示各 STL 文件名,可以在树状列表中选择其中的一个作为激活的 STL 模型。激活的三维模型会以不同的颜色在图形窗口中显示,激活模型的颜色可以在"色彩设定"命令中选择。图 3.67 中同时载入了多个模型,激活的模型用粉色显示,同时模型列表下面的窗口还会显示选中模型的模型信息,包括面片、顶点、体积、面积、尺寸等。

当一次成型多个模型时,可以使用自动排样(自动布局)功能,该命令能自动安排模型的成型位置,可以大大提高成型准备工作的效率。

3.三维模型合并、分解及分割

为方便多个三维模型处理,可以将多个三维模型合并为一个模型并保存。在三维模型列表窗口中选择零件,然后选择"合并"命令(合并模型),合并后自动生成一个名为"Merge"的模型,如图 3.68 所示。

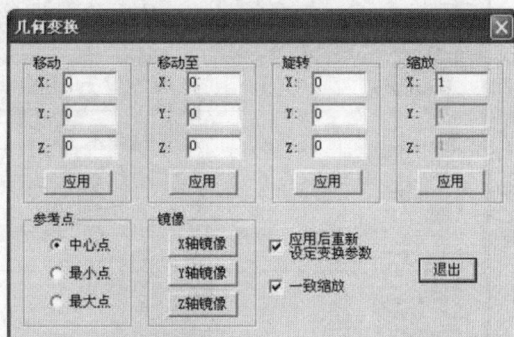

图 3.67　同时载入多个 STL 模型

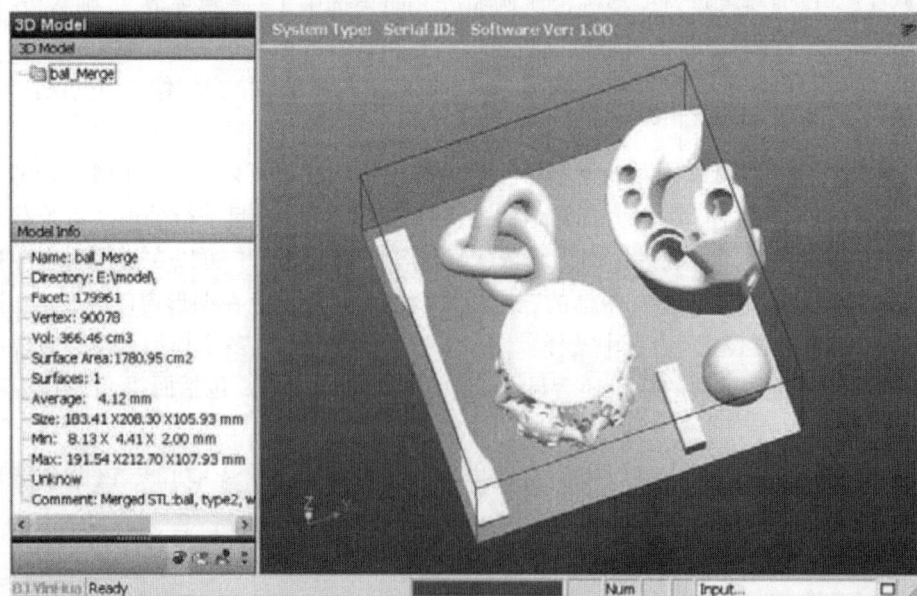

图 3.68　合并多个 STL 模型

与合并操作相反的是分解操作，若一个三维模型中包含若干个互不相连的部分，则该命令将其分解为若干个独立的 STL 模型。激活要分解的三维模型，然后选择"分解"命令（　✓　┣┫　分解模型　┣　），该模型将分解为多个模型，并依次在每个模型后添加"_序号"进行区别，如图 3.69 所示。

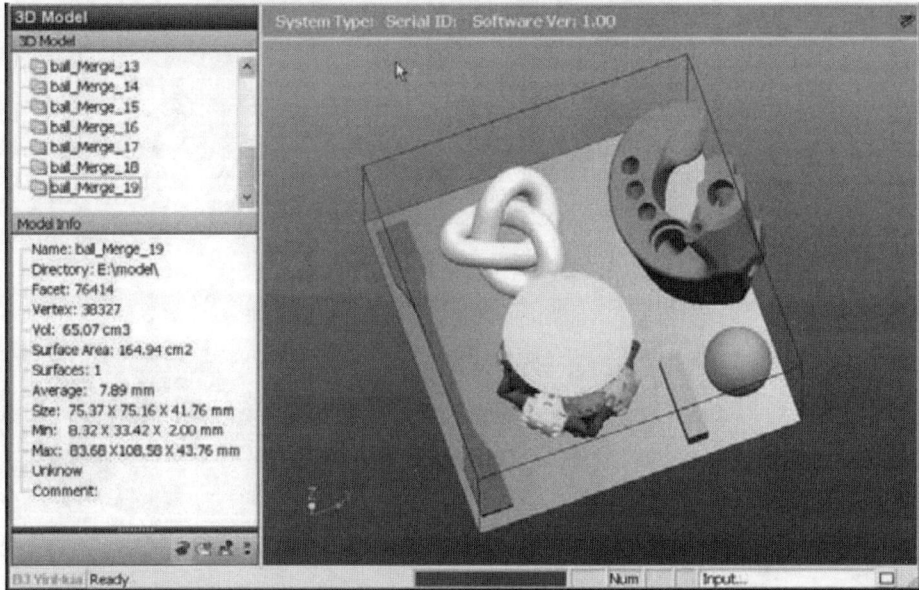

图 3.69　分解为多个 STL 模型

与模型分解有一个类似命令——"分割"（　✓　┣┫　分割　　　）。该命令将一个三维模型在一个确定的高度分解为两个三维模型。选中要分割的三维模型，然后选择"分割"命令，系统弹出如图 3.70 所示对话框。

对话框中的移动标尺可以设定模型的分割高度，同时在标尺下面的编辑框中同样可以输入分割位置。当设定新的分割高度或拖动标尺时，图形窗口会显示该高度上的截面轮廓。下面两个按钮分别为"确定"，"取消"。设定分割高度后，图形窗口中的三维模型会在分割位置显示其轮廓，如图 3.71 所示。

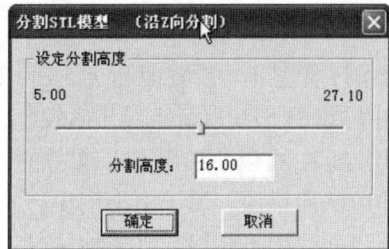

图 3.70　模型分割对话框

分割位置确定后，单击"确定"按钮，开始分割，三维模型分割为上下两部分，生成两个 STL 模型，如图 3.72 所示，系统自动在原文件名后加"_UP"和"_DOWN"以示区别。模型分割在制作超过快速原型系统成形空间的大尺寸原型时非常有用，可提高制作较大原型的能力。

4. STL 模型检验和修复

快速成形工艺对 STL 文件的正确性和合理性有较高的要求，主要是要保证 STL 模型无裂

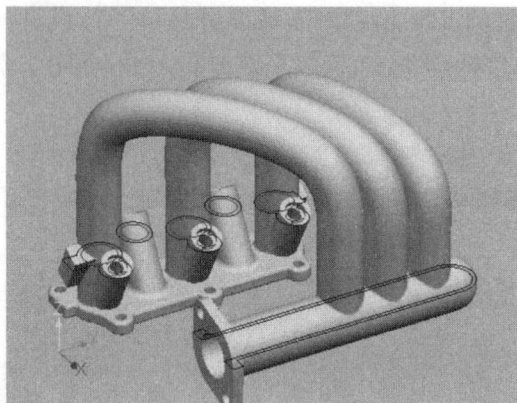

图 3.71　预览分割效果

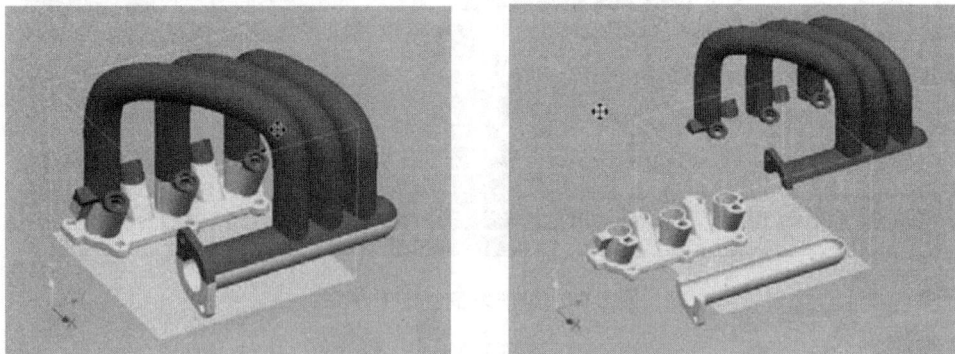

图 3.72　模型分割与分割后移动

缝、空洞，无悬面、重叠面和交叉面，以免造成分层后出现不封闭的环和歧义现象。从 CAD 系统中输出的 STL 模型错误几率较小，而从反求系统中获得的 STL 模型较多。根据分析和实际使用经验，可以总结出 STL 文件的四类基本错误：

（1）法向错误。属于中小错误。

（2）面片边不相连。有多种情况：裂缝或空洞、悬面、不相接的面片等。

（3）相交或自相交的体或面。

（4）文件不完全或损坏。

STL 文件出现的许多问题往往来源于 CAD 模型中存在的一些问题，对于一些较大的问题（如大空洞、多面片缺失等），最好返回 CAD 系统处理。一些较小的问题，可使用自动修复功能修复，不用回到 CAD 系统重新输出，可节约时间，提高效率。

Aurora 软件 STL 模型处理具有较高的容错性，对于一些小错误，如裂缝、较规则的空洞能自动缝合，无需修复；而对于法向错误，由于其涉及支撑和表面成形，所以需要进行手工或自动修复。

在三维显示窗口中，STL 模型会自动以不同的颜色显示，当出现法向错误时，该面片会以红色显示处理，如模型中出现图 3.73 所示的红色区域，则说明该模型有错误，需要修复。

使用"校验并修复"（ ✔ 蟐 校验并修复 ）功能可以自动修复模型的错误，如图 3.74 所示。启动该功能后，系统提示设定校验点数。点数越多，修复的正确率越高，但时间越长。一般设定点数为 5 就足够了。

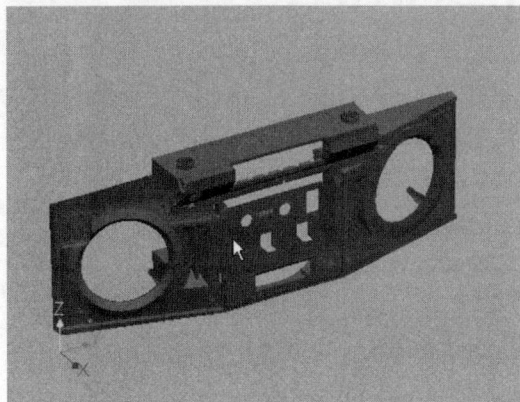

图 3.73 含错误的 STL 模型

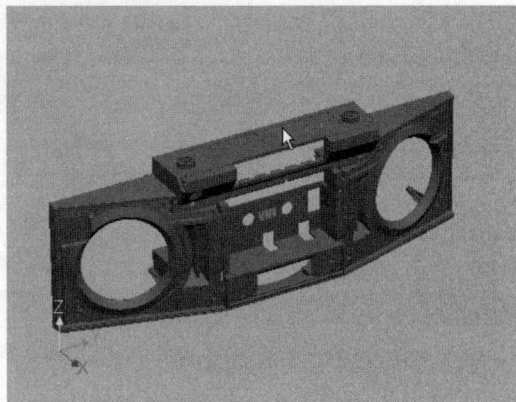

图 3.74 修复后的 STL 模型

5. 三维模型的测量和修改

模型测量是个非常重要的工具，它可以帮助了解模型的重要尺寸，检验原型的精度，而无需回到 CAD 系统中。首先选择被测量的模型，然后选择菜单"模型 > 测量"（ ✔ 💥 测量 ），可以进入测量和修改模式。测量是基于三种基本元素进行的，即"顶点"、"边"和"面片"。通过鼠标左键点击，可以在图形窗口任意拾取这三种元素。

单击鼠标左键拾取面片；按住 CTRL 键，单击鼠标左键拾取边；按住 SHIFT 键，单击鼠标左键拾取顶点。

（1）测量

拾取被测量体后，系统会弹出一个窗口，显示被测体的几何信息。如图 3.75 所示。与其他软件不同，Aurora 软件无需选择测量的类型，只需根据需要选择不同的测量元素，如顶点、面片。系统会根据选择元素的类型，自动计算可提供的几何信息，这样可以减少不同测量模式之间的切换操作，大大提高测量的速度。

顶点信息：坐标值、引用面片数。

边信息：顶点坐标值、长度。

面片信息：三个顶点坐标值、面积。

不同元素间的几何信息：

顶点和顶点：直线距离，XYZ 差值；

连续三个顶点：两条线段间的夹角，三点外接圆的半径（选择同一个圆弧上的三个点，可测量其半径）；

顶点和边：点到边的距离。

顶点和面片：顶点到面片的距离。

边和边：两条边间的夹角，当边平行时，计算两边间的距离。

边和面片：边和面片间的夹角，当平行时，计算它们之间的距离。

面片和面片：面片平行时，计算它们之间的距离。

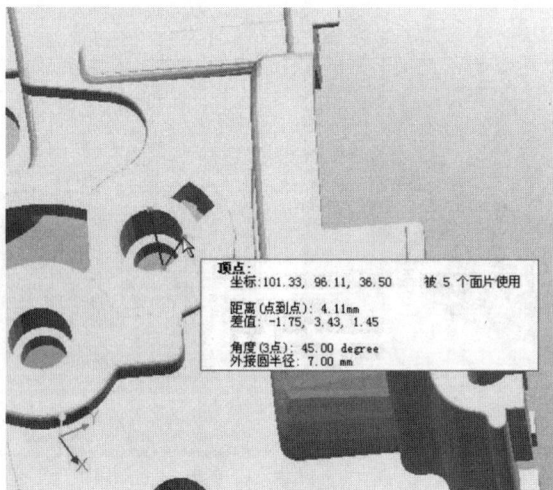

图 3.75　测量三个点

（2）修改

当 STL 模型出现错误，自动修复功能不能完全修复，如图 3.76 所示，可以使用修改功能对其进行交互修复，如图 3.78 所示。

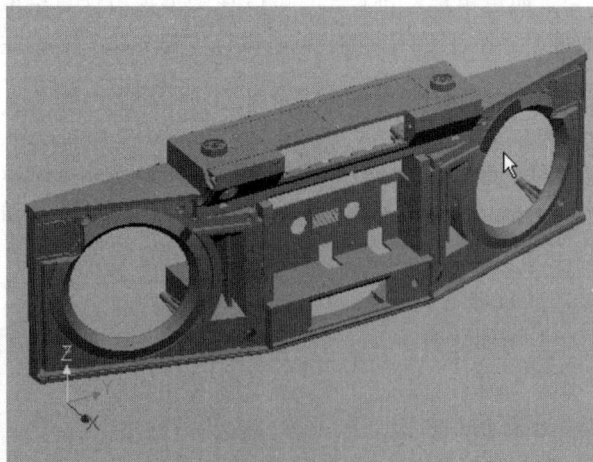

图 3.76　修复后仍有错误（红色部分）

修复过程如下：

1）首先选择三维模型，进入"测量"模式。

2）拾取错误表面上的一个面片，如图 3.77 所示。

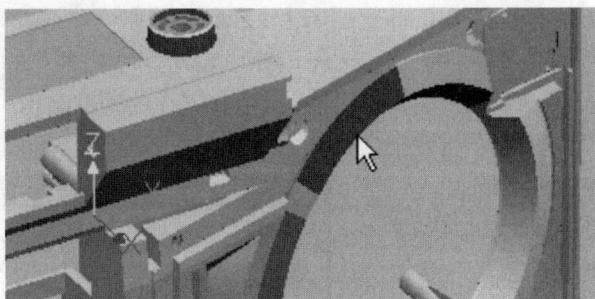

图3.77　拾取错误表面上的面片

3）单击鼠标右键，弹出快捷菜单

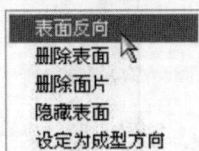

| 表面反向 |
| 删除表面 |
| 删除面片 |
| 隐藏表面 |
| 设定为成型方向 |

4）根据错误，选择"表面反向"：修复法向错误。选择"删除表面"：删除多余表面，将与该面片相连通的所有面片都删除。选择"删除面片"：删除多余面片。选择"隐藏表面"：可以将该面片所在表面消隐，以便测量或修改被其遮挡的部分。选择"设定为成型方向"：以该面片为底平面，重新摆放三维模型。该命令在选择模型成形方向时非常有用。

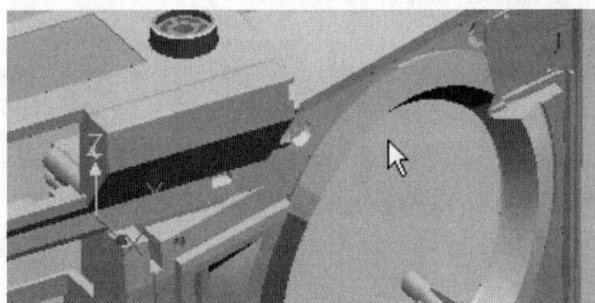

图3.78　交互修复结果

3.4.5　三维模型分层

1. 分层前的准备

分层是三维打印/快速成形的第一步，在分层前，要首先做如下准备：检查三维模型（看是否有法向错误、空洞、裂缝、实体相交等），确定成形方向（把模型旋转到最合适的成形方向和位置）。

Aurora软件自动添加支撑，且能同时对多个模型分层，如果只对一个模型分层，应在三维模型窗口中将该模型选中。

2. 分层参数详解

分层后的层片包括三个部分，分别为原型的轮廓部分、内部填充部分和支撑部分。轮廓部分根据模型层片的边界获得，可以进行多次扫描。内部填充是用单向扫描线填充原型内部非轮廓部分，根据相邻填充线是否有间距，可以分为标准填充（无间隙）和孔隙填充（有间隙）两种模式。标准填充应用于原型的表面，孔隙填充应用于原型内部（该方式可以大大减小材料的用量）。支撑部分是在原型外部，对其进行固定和支撑的辅助结构。

分层参数包括三个部分，分别为分层、路径和支撑，如图 3.79 所示。

分层部分有四个参数：分别为层片厚度、起始、终止高度和参数集。层厚为快速成形系统的单层厚度。起点为开始分层的高度，一般应为零；终点为分层结束的高度，一般为被处理模型的最高点。

路径部分为快速原型系统制造原型部分的轮廓和填充处理参数。其中包括：

轮廓线宽：层片上轮廓的扫描线宽度，应根据所使用喷嘴的直径来设定，一般为喷嘴直径的 1.3～1.6 倍。

图 3.79　分层参数对话框

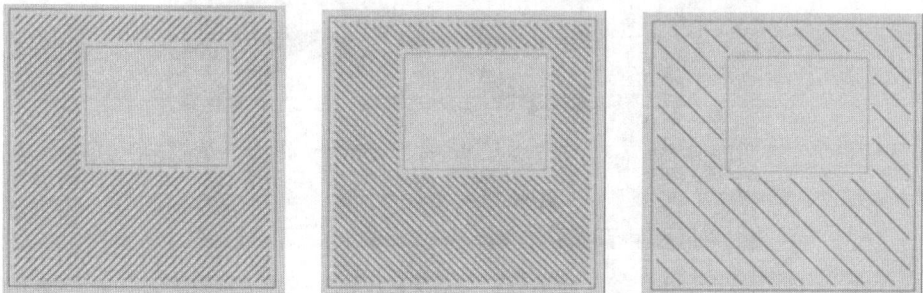

扫描次数：指层片轮廓的扫描次数，一般该值设为 1～2 次，后一次扫描轮廓沿前一次轮廓向模型内部偏移一个轮廓线宽，如图 3.80 所示。

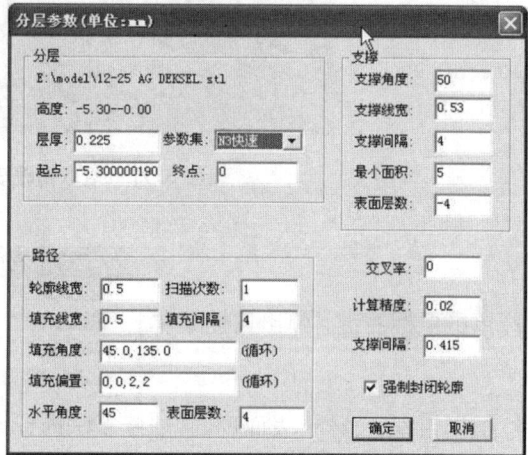

扫描次数1，填充间距4，填充角度为：45，135，表面层数为2的开始三层

扫描次数为3，填充角度为30，填充间隔为2的标准填充层和孔隙填充层

图 3.80　不同参数下的层片规划结果

填充线宽：层片填充线的宽度，与轮廓线宽类似。

填充间隔：对于厚壁原型，为提高成形速度，降低原型应力，可以在其内部采用孔隙填充的方法：即相邻填充线间有一定的间隔。该参数为 1 时，内部填充线无间隔，可制造无孔隙原型。该参数大于 1 时，相邻填充线间隔($n-1$)个填充线宽。

填充角度：设定每层填充线的方向，最多可输入 6 个值，每层角度依次循环。如果该参数为：30，90，120，则模型的第 $3 \times N$ 层填充线为 30 度，第 $3 \times N + 1$ 层为 90 度，第 $3 \times N + 2$ 为 120 度。

填充偏置：设定每层填充线的偏置数，最多可输入六个值，每层依次循环，当填充间隔为 1 时，本参数无意义。若该参数为(0，1，2，3)，则内部孔隙填充线在第一层平移 0 个填充线宽，第二层平移 1 个线宽，第三层平移 2 个线宽，第四层平移 3 个线宽，第五层偏移 0 个线宽，第六层平移 1 个线宽，依次类推。

水平角度：设定能够进行孔隙填充的表面的最小角度(表面与水平面的最小角度)。当面片与水平面角度大于该值时，可以孔隙填充；小于该值，则必须按照填充线宽进行标准填充(保证表面密实无缝隙)。该值越小，标准填充的面积越小，过小的话，会在某些表面形成孔隙，影响原型的表面质量。

表面层数：设定水平表面的填充厚度，一般为 2~4 层。

支撑部分参数如下：

支撑角度：设定需要支撑的表面的最大角度(表面与水平面的角度)，当表面与水平面的角度小于该值时，必须添加支撑。角度越大，支撑面积越大；角度越小，支撑越小，如果该角度过小，则会造成支撑不稳定，原型表面下塌等问题。

支撑线宽：支撑扫描线的宽度。

支撑间隔：距离原型较远的支撑部分，可采用孔隙填充的方式，减少支撑材料的使用，提高造型速度。该参数和填充间隔的意义类似。

最小面积：需要填充的表面的最小面积，小于该面积的支撑表面可以不进行支撑。

表面层数：靠近原型的支撑部分，为使原型表面质量较高，需采用标准填充，该参数设定进行标准填充的层数，一般为 2~4 层。

扫描次数 1，填充间距 4，填充角度为：45，135，表面层数为 2 的开始三层。

扫描次数为 3，填充角度为 30，填充间隔为 2 的标准填充层和孔隙填充层。

3. 分层

选择菜单"模型 > 分层"或单击 **█▓ 分层……** 按钮，启动分层命令。系统会自动生成一个的 CLI 文件，并在分层处理完成后载入。在分层过程中再次选择分层命令，将中止分层。

3.4.6 层片模型

层片模型(CLI 文件)存储对三维模型处理后的层片数据。CLI 文件是本软件的输出格式，供后续的三维打印/快速成形系统使用，制造原型。

1. 显示 CLI 模型

CLI 模型为二维层片，包括轮廓和填充、支撑三部分，每层对应一个高度。Aurora 软件可以载入 CLI 文件并显示其图形。载入 CLI 模型的方法和载入 STL 文件的方法类似。

选择命令后，系统弹出打开文件对话框，选择一个 CLI 文件，然后单击确定按钮。层片模型载入后，系统自动切换到二维模型窗口，将 CLI 文件加入二维模型列表中，并在右侧窗口显示第一层。二维模型窗口以平面方式显示 CLI 层片，同时 CLI 模型也可在三维模型窗口中显示，它的显示与三维模型类似，同样可以使用各显示命令结合鼠标操作进行放大、旋转等操作。同时 CLI 可以整体进行三维显示，也可显示单层轮廓填充，如图 3.81 所示。

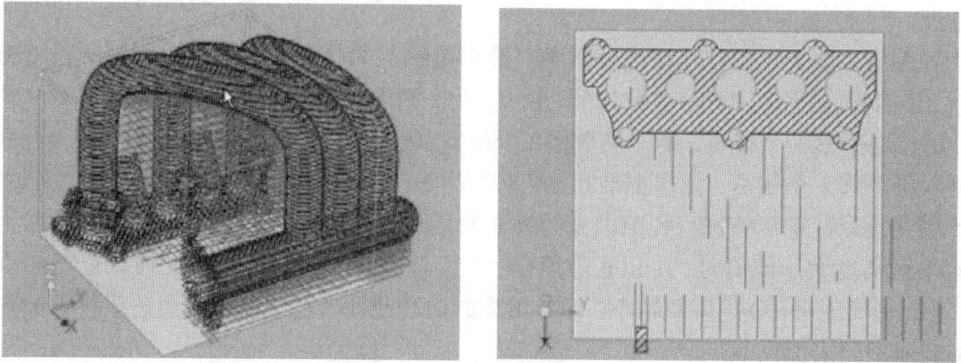

图 3.81　整体显示和单层显示

CLI 层片中的不同实体用不同颜色显示，共分为"轮廓"、"填充"和"支撑"，其显示颜色可以在"色彩设定"对话框中选择。利用层片浏览工具条上的命令，可以查看该层片文件的每一层，如图 3.82 所示。

2. 在二维模型窗口显示

CLI 模型在二维模型窗口显示时，只能显示单个层片。层片的填充和轮廓分别用不同的颜色显示。同时还会在模型列表下显示模型的相关信息。显示层片的高度和层号可以在状态条上看到。蓝色的矩形为成型系统的成型空间，层片模型一定要放置在该矩形内。按下鼠标

左键，然后移动鼠标，可以拖动显示区域。鼠标滚轮和 PageUp，PageDown 键可以缩放图形，如图 3.83 所示。

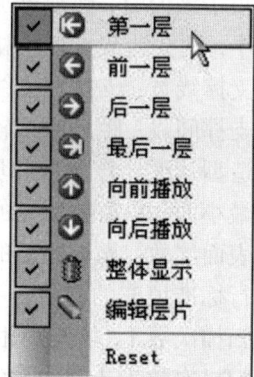

图 3.82　层片浏览命令

3. 设定成型位置

模型实际成型位置可以在窗口中自由移动，首先在列表窗内选择要移动的模型，然后在图形窗口内拖动，按下 CTRL 键，在图形窗口内按下鼠标左键，然后进行拖动，图形窗口会显示一条红色的线段，该线段代表模型移动的方向和距离。当所有模型都在蓝色矩形内，才可以开始成型，如图 3.84 所示。

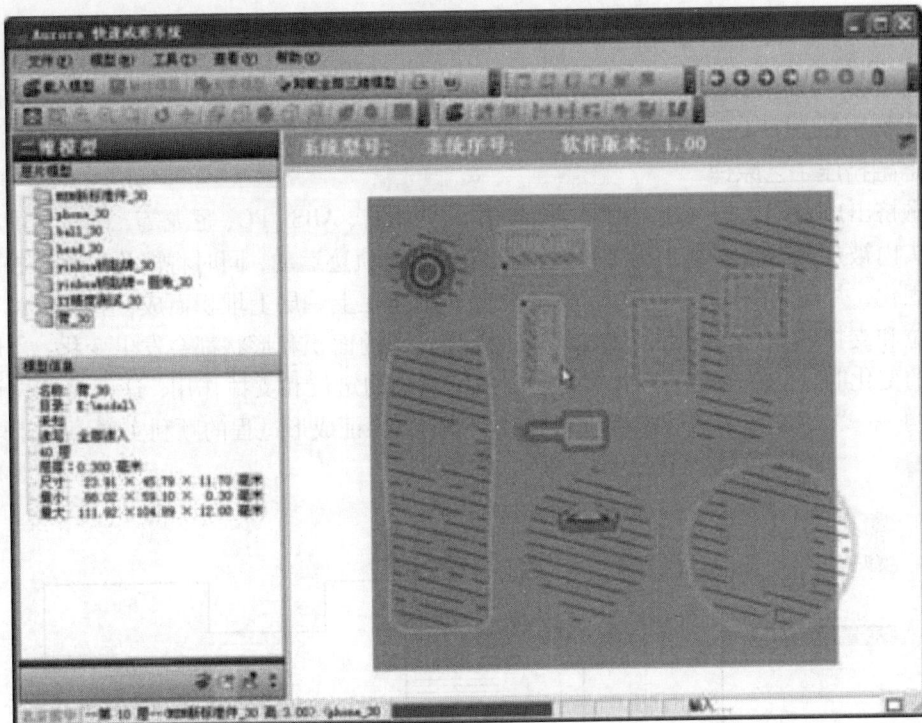

图 3.83　二维模型窗口

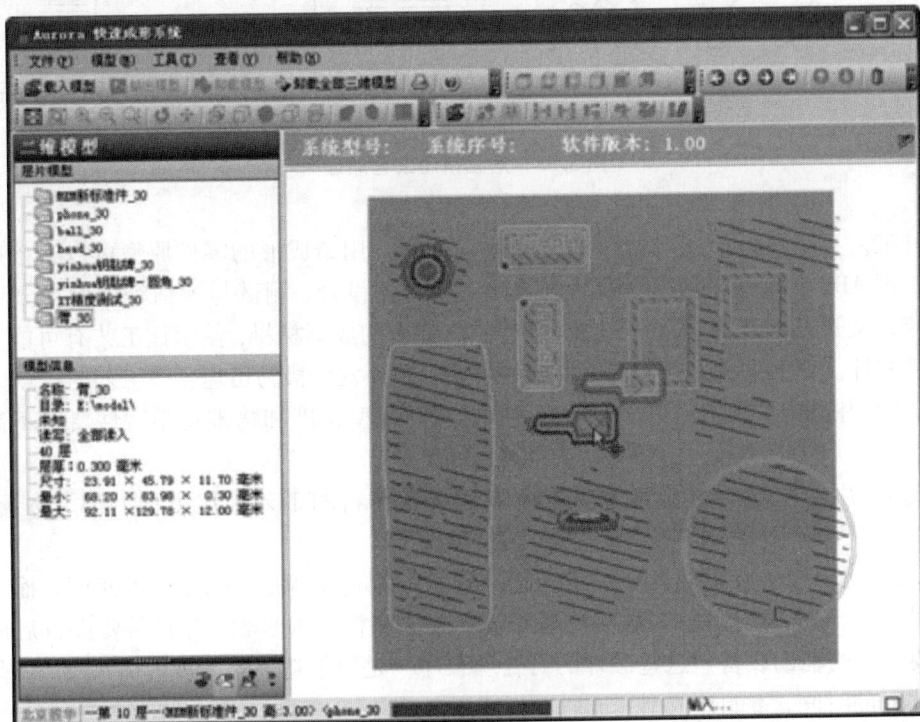

图 3.84　移动二维模型

3.4.7 三维打印/快速成形工艺流程

Aurora 软件已包含三维打印/快速成形系统控制软件。一键即可完成数据处理和原型制造，如同普通纸张打印机一样方便。

1. 熔融挤压工艺原理

熔融挤出成型工艺的材料一般是热塑性材料，如蜡、ABS、PC、尼龙等，以丝状供料。材料在喷头内被加热熔化。喷头沿零件截面轮廓和填充轨迹运动，同时将熔化的材料挤出，材料迅速固化，并与周围的材料粘结。每一个层片都是在上一层上堆积而成，上一层对当前层起到定位和支撑的作用。随着高度的增加，层片轮廓的面积和形状都会发生变化，当形状发生较大的变化时，上层轮廓就不能给当前层提供充分的定位和支撑作用，这就需要设计一些辅助结构——"支撑"，对后续层提供定位和支撑，以保证成形过程的顺利实现，如图3.85所示。

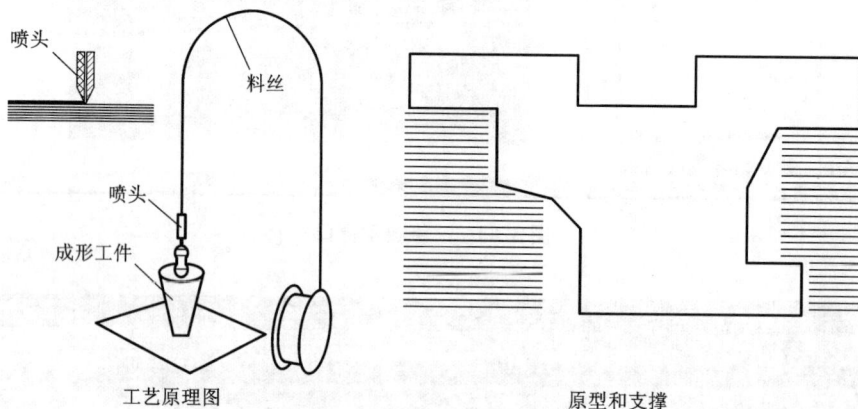

图3.85 熔融挤压工艺原理

这种工艺不用激光，使用、维护简单，成本较低。用蜡成形的零件原型可以直接用于失蜡铸造。用 ABS 制造的原型因具有较高强度，在产品设计、测试与评估等方面得到广泛应用。近年来又开发出 PC、PC/ABS、PPSF 等更高强度的成形材料，使得该工艺有可能直接制造功能性零件。由于这种工艺具有一些显著优点，因而发展极为迅速。该工艺的特点为：

（1）不使用激光，维护简单、成本低，多用于对原型精度和物理化学特性要求不高的设计制作。

（2）所使用的塑料丝材与其他使用粉末和液态材料的工艺相比更加清洁、易于更换、保存。

（3）后处理简单：仅需要几分钟到一刻钟的时间剥离支撑后，原型即可使用。而现在应用较多的 SL、SLS、3DP 等工艺均存在清理残余液体和粉末的步骤，并且需要进行后固化处理，需要额外的辅助设备。这些额外的后处理工序一是容易造成粉末或液体污染，二是增加了几个小时的时间，不能在成型完成后立刻使用。

（4）成型速度较快：一般较高的成形速度可以达到 $30 \sim 80 \ cm^3/h$。对于厚壁或实体零件，可以达到 $100 \sim 200 \ cm^3/h$ 的高速度。

2. 三维打印/快速成形命令

控制三维打印/快速成形的命令包括：连接、初始化、调试、设为默认打印机、打印模型、取消打印、启动打印、自动关机等。如图 3.86 所示。

各命令功能如下：

连接：连接三维打印机/快速成形系统，读取系统预设参数。

初始化：三维打印机/快速成形系统执行初始化操作。

恢复就绪状态：系统完成模型，或从故

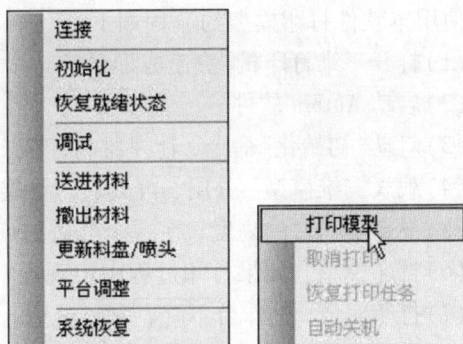

图 3.86　三维打印机相关命令

障状态(如取消打印)恢复后，如果可以继续打印模型，则可以使用命令恢复到就绪状态，继续打印模型。某些状态下，如运动系统错误，不能恢复到就绪状态，必须重新进行初始化。

调试：手动控制三维打印机/快速成形系统。

送进材料：自动送进材料，将材料送入送丝机构后，该命令可以自动送进材料到喷头中。用于自动装入新材料。

撤出材料：自动撤出材料。加热喷头到一定温度后，从喷头中自动撤出，用于更换材料。

更新料盘/喷头：更新料盘和喷头时使用，可帮助记录材料和喷头使用信息。

平台调整：按系统预设程序，在三个位置调整平台，使其与打印平面平行。系统会依次在各点停留两次，可在喷头停止时调整螺钉，调平工作台。

系统恢复：载入系统出厂时的设定参数，恢复到出厂状态。

打印模型：开始打印模型。打印命令将输出所有已载入的二维层片模型，即一次可以打印多个三维模型。

取消打印：取消打印任务。

启动打印：暂停/恢复打印。

自动关机：打印完成后关闭三维打印机/快速成形系统和计算机。

3. 手动调试

当系统没有执行打印/成型任务时，可以手动控制系统。选择"文件 > 三维打印机 > 调试"，系统启动手动对话框，如图 3.87 所示，在该对话框内，可以平移喷头、升降工作台、喷丝、开关温控和报警器。工作台区域左侧控制工作台升高或下降，右侧控制运动的速度，同时系统还显示工作台高度，更换喷头后重新确定工作台高度时，就根据该高度值来确定实际的工作台高度。

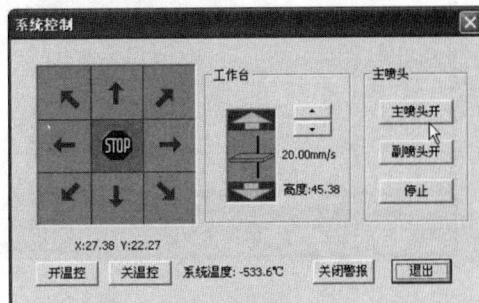

图 3.87　手动调试对话框

该对话框可在更换喷头、取型和更换材料时使用。

4. 打印流程

使用本软件打印模型的流程如下：

(1)打开三维打印机/快速成形系统。

(2)启动 Aurora 软件。

(3)启动"初始化"命令，让三维打印机/快速成形系统执行初始化操作。

(4)载入三维模型、分层、再载入二维层片模型。

(5)设定工作台的高度，在一个合适的高度开始成形。

(6)打印模型。如果打印过程中出现异常，可以选择取消打印或暂停打印。

(7)打印完成，工作台下降，取出模型。

(8)关机或重新开始制作另一个模型。

5. 准备打印

准备打印应包括如下几个步骤：

(1)启动软件，载入三维模型(如果模型已经处理成二维模型，则可省略本步骤)。将模型用"变形"、"自动排放"等命令放置到合适的位置。(三维图形和二维图形窗口显示了三维打印机/快速成形系统的工作台面，如图 3.88 所示)。

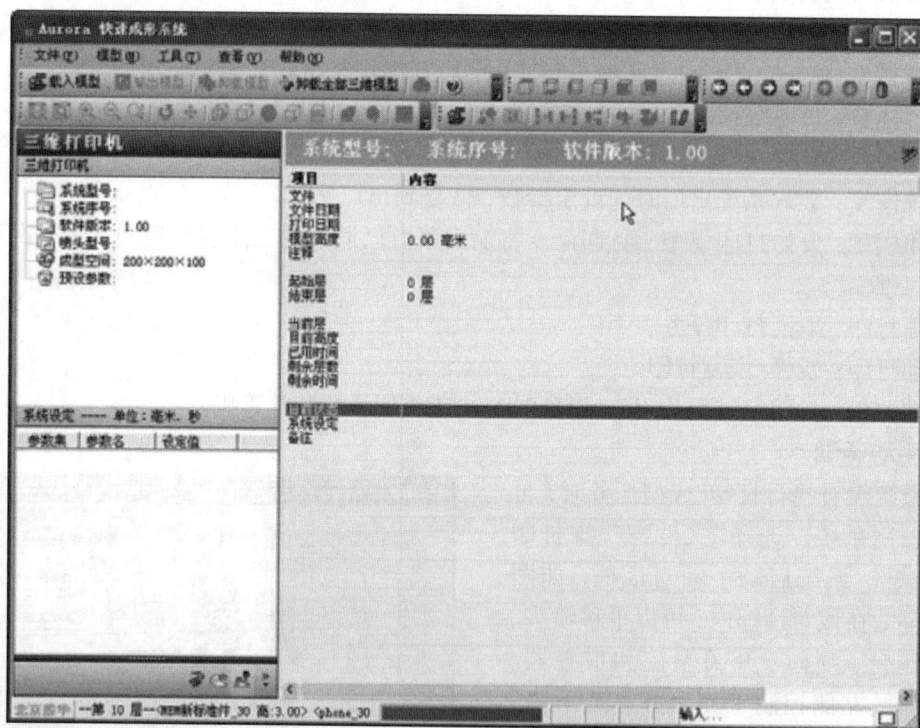

图 3.88　三维打印窗口

(2)分层处理，根据三维打印机/快速成形系统安装的喷头大小和实际需要，选择合适的参数集，对三维模型进行分层处理，并保存为 CLI 文件。

(3)载入 CLI 模型，如成型位置有变动，则可以在二维图形窗口内将其移动到适宜的位置。（打印模型将输出所有已载入的二维模型，并非选中的层片模型。）

（4）打开三维打印机/快速成形系统的电源。如果刚开机，则需要对系统进行初始化，选择命令"文件 > 三维打印机 > 初始化"。如果系统刚完成前一个模型，或者刚修复好错误，则需要恢复就绪状态，选择命令"文件 > 三维打印机 > 恢复就绪状态"

6. 打印模型

打开三维打印机/快速成形系统，进行完打印准备工作后，即可开始打印。打印分为以下步骤：

（1）调整并测量高度。升高工作台到靠近喷头的高度。升高工作台时应小心注意，防止工作台升高过快，撞击喷头而发生意外。为保证高度测量准确，可以先将喷头移动到易于观察的位置。对于可以自动对高的三维打印机，更换喷头后测量一次高度即可，不用每次测量。

（2）工作台一般要升高到距离喷头 1 mm 左右的高度，然后在调试对话框中记录下此时的高度，然后在此高度基础上增加 1 mm 左右作为工作台成形高度，该高度应保证成形开始时，喷头距离工作台 0.1～0.3 mm。该值可以根据底面粘结情况微调。

（3）开始打印，选择命令"文件 > 三维打印 > 打印模型"，系统弹出"三维打印"对话框，可以选择要输出的层数，即"层片范围"中的开始层和结束层，系统默认从第一层到最后一层。

（4）系统弹出工作台高度对话框，输入前面测量的工作台到喷头距离。

（5）系统自动开始打印。

3.4.8　基本操作步骤

1. 三维打印/快速成形系统使用步骤

（1）启动 Aurora 软件，载入需要打印/成型的模型（STL 文件）。如果您的模型已经处理完毕，也可直接载入 CLI 模型，跳过以下几步。

（2）通过"自动排放"和"模型变形"命令，将模型放置在合适位置。本步骤主要是选择合适的打印/成型方向。选择成型方向有以下几个原则：

1）不同表面的成型质量不同，上表面好于下表面，水平面好于垂直面，垂直面好于斜面。水平方向精度好于垂直方向的精度，水平面上的圆孔、立柱质量、精度最好，垂直面上的较差。

2）水平方向的强度高于垂直方向的强度。

3）有平面的模型，以平行和垂直于大部分平面的方向摆放。

4）选择重要的表面作为上表面（上表面的成型质量比下表面质量高）。

5）减少支撑面积，降低支撑高度。

6）如果有较小直径（小于 10 mm）的立柱、内孔等特征，尽量选择垂直方向成型。

7）如果需保证强度，选择强度要求高的方向为水平方向。

8）避免出现投影面积小、高度高的支撑面出现。

9）以上原则需根据模型情况灵活确定。

（3）选择分层参数，进行分层，保存 CLI 文件。

（4）载入 CLI 模型（可一次载入多个，但模型的层厚必须一致）。

（5）在台面上拖动模型到合适的位置。注意以下几点：

1）多个模型时尽量紧凑，但要留出足够的间隙（3~5 mm 即可）。

2）为保证底板充分利用，多次打印/成型应选择不同的区域。

3）不要总在固定的位置成型，以免该部位机械导向部件加速磨损。

（6）打开三维打印机/快速成形机的电源。

（7）初始化三维打印机/快速成形机。初始化完成后请观察扫描机构及平台是否在正常位置。

（8）确定工作台高度。三维打印机可自动记录工作台高度，如果未更换喷头，不需重新确定工作台高度。

（9）开始打印。如果模型在夜间完成，可以选择"自动关机"，系统在完成模型后会自动关闭。

2. 确定工作台高度

（1）启动 Aurora 软件和三维打印机/快速成形机。

（2）初始化三维打印机/快速成形机。

（3）点击调试命令，启动调试对话框，移动喷头到适于观察的位置（一般在靠近系统正面的中间处）。

（4）升高工作台，使其接近喷头。在距离喷头较近（10 mm）时，改用比较小的工作台运动速度（1 mm/s），继续升高工作台直至与喷头几乎贴紧。三维打印机可以自动对高，记录下此时工作台的高度，这就是打印时需要的工作台高度，例如此时对话框中显示 −312.5 mm，则工作台高度应为 312.5 mm。三维打印机可自动对高，只需在更换喷头后确定一次工作台高度即可，以后系统自动会记录前一次的工作台高度。